[白金升级版]

THE ROAD LESS TRAVELED

少有人走的路

心智成熟的旅程

[美] M. 斯科特·派克/著（M. Scott Peck）

于海生　严冬冬/译

北京联合出版公司
Beijing United Publishing Co.,Ltd.

图书在版编目（CIP）数据

少有人走的路. 心智成熟的旅程 / (美) M.斯科特·派克著；于海生，严冬冬译. -- 北京：北京联合出版公司，2020.10（2024.1重印）

ISBN 978-7-5596-4145-8

Ⅰ. ①少… Ⅱ. ①M… ②于… ③严… Ⅲ. ①人生哲学—通俗读物 Ⅳ. ①B821-49

中国版本图书馆CIP数据核字(2020)第057983号

北京市版权局著作权合同登记号　图字：01-2020-2088号

少有人走的路. 心智成熟的旅程

The Road Less Traveld

著　　者：[美]M.斯科特·派克
译　　者：于海生　严冬冬
出 品 人：赵红仕
责任编辑：李艳芬
封面设计：门乃婷
装帧设计：季　群　涂依一

北京联合出版公司出版
（北京市西城区德外大街83号楼9层　100088）
北京联合天畅文化传播公司发行
北京中科印刷有限公司印刷　新华书店经销
字数220千字　640毫米×960毫米　1/16　19.5印张
2020年10月第1版　2024年1月第8次印刷
ISBN 978-7-5596-4145-8
定价：42.00元

中文版序

很抱歉，我们奉献给你的不是一本时髦的书，它甚至还会让你感觉到一点点的不舒服。不过，请不要回避，你也无法回避，因为回避这一问题的结果是：你不得不承受更多的不舒服，甚至是痛苦。

有人说，21 世纪是心理学的世纪，对此，我们不得而知，但是，我们却能亲眼看见身边心智不成熟的人是如此之多。

十七八岁的高中生在大街上堂而皇之地用奶瓶喝水，这是时髦、反叛，还是在逃避成熟?

应届大学毕业生选择考研的动机仅仅是：害怕毕业。他们是害怕毕业，还是在拒绝成熟?

无数大龄青年不愿结婚，他们真的是没选择好伴侣，还是害怕承担婚后的责任?

数不清的成年人一遇到难题，就双手一摊：“这不是我的问题。”他们果真技不如人，还是不敢面对自己的问题?

……

人可以拒绝任何东西，但绝对不可以拒绝成熟。拒绝成熟，实际上就是在回避问题、逃避痛苦。回避问题和逃避痛苦的趋向，是人类心理疾病的根源，不及时处理，你就会为此付出沉重的代价，承受更大的痛苦。

心智成熟不可能一蹴而就，它是一个艰苦的旅程。

30 多年来，在心智成熟的旅程上，《少有人走的路》这本书陪伴着亿万读者，也帮助过千千万万痛苦的人走出困境。毋庸置疑，这本书创造了美国、乃至世界出版史上的一个奇迹。难道不是吗？有哪一本书，没做任何宣传，仅凭口耳相传，就达到了 3000 万册的销量；有哪一本书，在《纽约时报》畅销书排行榜上一直停驻近 20 年；有哪一本书，出版以后，作者收到的读者来信有如此之多。难怪《华盛顿邮报》的书评会说：“这本书是出自上帝之手。”

《少有人走的路》是一本通俗的心理学著作，也是一本伟大的心理学著作，它出自我们这个时代最杰出的心理医生斯科特·派克。斯科特的杰出不仅在于他的智慧，更在于他的诚恳和勇气。他第一次说出了人们从来不敢说的话，提醒了人们从来不敢面对的事，这就是：几乎人人都有心理问题，只不过程度不同而已；几乎人人都有程度不同的心理疾病，只不过得病的时间不同而已。

斯科特激励我们要勇敢地面对自己的问题，不要逃避。直面问题，我们的心智就会逐渐成熟；逃避问题，心灵就会永远停滞不前。

然而，在我们的现实生活中，逃避问题的人比比皆是：你是老板，你一定会知道你的手下有几人敢于承担自己的责任；你是父母，一定知道你的孩子为什么总是躲躲闪闪；你是公务员，你一定会知道，面临问题时，你是在积极主动解决，还是在消极回避……所有逃避者，都在阻碍自己心智的成熟；一切心智成熟者，他们的人生之旅都是从直面问题开始。

如果你是一个渴望成熟的人、一个正在成熟的人、一个因拒绝成熟而导致心理障碍的人，那么，请你勇敢地翻开这本书吧！只要你有勇气翻开这本书，你就一定有勇气面对自己的问题；只要你勇敢地面对自己的问题，你就踏上了心智成熟的旅程。

涂道坤

目录

CONTENTS

第二部分 爱

第三部分 成长与信仰

前　言

本书的观点和思想，大多来自于我的从业经历。在日常门诊和临床工作中，我目睹过许许多多逃避成熟的人，也目睹过许多人为争取成熟而努力奋斗的经历。因此，书中有很多真实的案例。心理治疗最重要的原则之一，就是为患者保密，所以，这些案例的人物姓名和其他细节，都经过一定程度的改动，原则是在不扭曲我和病人相处真相的前提下，尽量保护患者的个人隐私。

但是，本书对患者病情的描述大都十分简略，掩藏了部分真相，想必在所难免。事实上，心理治疗是一个复杂的过程，极少能够立竿见影、一蹴而就，而我也不得不集中笔墨，描述若干重点部分，这可能会给读者一种印象，即我对治疗过程的叙述不仅戏剧化，而且简洁。戏剧化倒是事实，叙述简洁的情况，也许同样存在，不过我还是想补充一句：在大多数治疗中，我经受着长期的困惑和沮丧，这是不可避免的结果，只是出于可读性的考虑，个中详情和感受，几乎被我统统省略了。

提及“上帝”，本书一概使用了传统的男性形象，我也要为此表示歉意，不过这么做，只是为叙述的方便，而非我有任何根深蒂固的性别歧视。

身为心理医生，我认为从一开始，就应该交待本书的两大基本前提。第一个前提是：我没有把“心智”和“精神”加以区分，因此，在“精神的成熟”和“心智的成熟”之间，我也没有做出明确区分，实际上它们是一回事。

另一个前提是：心智成熟的旅程不但是一项既复杂又艰巨的任务，而且是毕生的任务。心理治疗可以给心智成熟提供绝好的帮助，但它永远不是速成的、简单的治疗过程。我不属于任何精神病学或者心理治疗学学派，也决不单纯地拥护弗洛伊德、荣格、阿德勒，或者行为心理学、形态心理学等任何一家的学说。我不相信通过单一的治疗方式、单一的解决方案，就能解决所有的问题。当然，单一的心理治疗形式或许有帮助，因此我们不应予以轻视，不过，它们提供的帮助，显然不仅肤浅，而且乏力。

心智成熟的旅程极为漫长，对于我的那些忠实的患者——他们伴随我走过这段旅程最重要的部分——我要向他们表示感谢，他们的旅程也是我的旅程，而本书的大部分内容，其实是我们共同经历和学习的一切。我也要向多位老师和同行致谢，其中最重要的就是我的妻子莉莉，她兼具配偶、父母、心理治疗者的角色，她的智慧和慷慨，给了我莫大的帮助。

自　律

第一部分

自律是解决人生问题最主要的工具，

也是消除人生痛苦最重要的方法。

The Road
Less Traveled

问题和痛苦

人生苦难重重。

这是个伟大的真理，是世界上最伟大的真理之一。它的伟大之处在于，一旦我们领悟了这句话的真谛，就能从苦难中解脱出来，实现人生的超越。只要我们真正理解并接受了人生苦难重重的事实，那么我们就会释然，再也不会对人生的苦难耿耿于怀了。

遗憾的是，大多数人却不愿意正视人生的苦难。他们一遇到问题和痛苦，不是怨天尤人，就是抱怨自己命苦，仿佛人生本来就应该既舒适又顺利似的。他们哀叹为什么会有那么多的麻烦、压力和困难，总觉得自己是世界上最不幸的人；他们诅咒命运不公，偏偏让他们自己、他们的家人、他们的部落、他们的社会阶层、他们的国家乃至他们的种族吃苦受罪，而别的人却安然无恙，过着自由而又幸福的生活。我非常了解这样的抱怨和诅咒，因为我也曾有过同样的感受。

人生是一连串的难题，面对它，你是哭哭啼啼，还是奋勇前进？你是束手无策地哀叹，还是积极想办法去解决，并将方法毫无保留地传给后人？

解决人生问题的关键在于自律。人若缺少自律，就不可能解决任何麻烦和问题。在某些方面自律，只能解决某些问题，全面的自律才能解决人生所有的问题。

生活中遇到问题，这本身就是一种痛苦，解决它们的过程又会带来新的痛苦。各种各样的问题接踵而至，使我们疲于奔命，不断经受沮丧、悲哀、痛苦、寂寞、内疚、懊丧、恼怒、恐惧、焦虑和绝望的打击，从而不知道自由和幸福为何物。这种心灵的痛苦通常和肉体的痛苦一样剧烈，甚至令人更加难以承受。正是由于人生的矛盾和冲突带来的痛苦如此强烈，我们才把它们视为问题；也正是因为各种问题接连不断，我们才觉得人生苦难重重。

人生是一个不断面对问题并解决问题的过程。问题可以开启我们的智慧，激发我们的勇气。为解决问题而努力，我们的思想和心灵就会不断成长，心智就会不断成熟。学校刻意为孩子们设计各种问题，让他们动脑筋、想办法去解决，也正是基于这样的考虑。我们的心灵渴望成长，渴望获得成功而不是遭受失败，所以它会释放出最大的潜力，努力将所有问题解决。“问题”是我们成功与失败的分水岭。承受面对问题和解决问题的痛苦，我们就能从痛苦中学到很多东西。美国开国先哲本杰明·富兰克林说过：“唯有痛苦才能给人带来教益。”面对问题，智慧的人不会因害怕痛苦而选择逃避，他们会迎上前去，坦然承受问题带给自己的痛苦，直至把问题彻底解决。

然而，大多数人却缺乏这样的智慧。在某种程度上，人人都害怕承受痛苦，遇到问题时都想回避，甚至慌不择路，望风而逃。有的人不断拖延时间，希望问题自行消失；有的人对问题假装视而不见，或尽量忘记它们的存在；还有的人用药物和毒品来麻痹自己，企图把问题排除在意识之外，换得片刻解脱。我们总是回避问题，而不是直接面对它们；我们只想远离问题，却不想承受解决问题带来的痛苦。

回避问题和逃避痛苦的倾向，是人类心理疾病的根源。人人都有逃避问题的倾向，因此绝大多数人的心理都存在缺陷，真正的健康者寥寥无几。有的逃避问题者，宁可躲藏在自己营造的虚幻世界里，与现实生活完全脱节，这无异于作茧自缚。心理学大师荣格一针见血地指出："神经官能症，就是人生痛苦最常见的替代品。"

替代品最终带给人的痛苦，甚至比所逃避的痛苦更为强烈，正因如此，神经官能症才成为最棘手的问题。不少人还没有解决旧的问题和痛苦，却又要逃避新的问题和痛苦，他们不断用神经官能症作蚕丝，把自己一层一层包裹起来，陷入重围，无法自拔。所幸，也有人能坦然面对自己的心理障碍，及时寻求心理医生的帮助，用正确的心态面对人生正常的痛苦。

事实上，如果不顾一切地逃避问题和痛苦，不仅错失了解决问题、推动心灵成长的契机，而且还会使我们患上心理疾病。长期的心理疾病会使人的心灵停止成长，不及时治疗，心灵就会萎缩和退化，心智就永远难以成熟。正确的做法是：我们要让我们自己，也要让我们的孩子认识到，人生的问题和痛苦具有非凡的价值。勇于承担责任，敢于面对困难，才能够使心灵变得健康。

自律是解决人生问题最主要的工具，也是消除人生痛苦最重要的方法。通过自律，在面对问题时，我们才会变得坚定不移，并能从痛苦中获取智慧。我们要求自己和孩子自律，其实就是在培养双方如何忍受痛苦，获得成长。

那么究竟什么是自律呢？如何才能通过自律消除人生的痛苦呢？简单地说，所谓自律，就是主动要求自己以积极的态度去承受痛苦，解决问题。自律有四个原则：推迟满足感、承担责任、忠于事实、保持平衡。这些原则并不复杂，即便是10岁的小孩也能够掌握。不过有时候，即使贵为一国之君，也会因忽略和漠视它们而遭遇失败，甚至自取灭亡。实践这些原则，关键取决于你的态度，你要敢于面对痛苦而非逃避。对于那些时刻都想着逃避痛苦的人，这些原则不会起到任何作用，他们也绝不会从中受益。接下来，我就要对这些原则进行深入的阐述，然后，再探讨它们背后的原动力——爱。

推迟满足感

不久前，一位30岁的财务专家来就诊，希望我纠正她总是拖延工作的坏习惯。第一个月，我们探讨了她对老板的看法，老板对她的看法，她对权威的认识以及她父母的情况。接着，我们又讨论了她对工作与成就的看法，以及这些看法对她婚姻观、性别观的影响。后来，我们还谈到她与丈夫和同事的竞争心理，以及这种心理给她带来的恐惧感。尽管我们一再努力，但这种常规的心理分析并未触及问题的症结。

直到有一天，我们闯入了一个显而易见、却一直被忽略的领域，才使治疗出现了转机。

“你喜欢吃蛋糕吗？”我问她。

她回答说喜欢。

“你更喜欢吃蛋糕呢，还是蛋糕上涂抹的奶油？”我接着问。

她兴奋地说：“啊，当然是奶油啦！”

“那么，你一般是怎么吃蛋糕的呢？”我接着又问。

我也许是有史以来最笨的心理医生了。

她不假思索地说：“那还用说吗，我通常先吃完奶油，然后再吃蛋糕。”

就这样，我们从吃蛋糕的习惯出发，重新讨论她对待工作的态度。正如我预料的那样，在上班的第一个小时里，她总是先完成容易和喜欢做的工作，而在剩下的六个小时里，面对那些棘手的差事，她总是尽量回避，结果，不知不觉时间就过去了，工作却拖延了下来。我建议她从现在开始，在上班第一个小时里，强迫自己先去解决那些棘手的差事，而在剩下的时间里，工作就变得相对轻松了。考虑到她学的是财务管理，我就这样给她解释其中的道理：按一天工作七个小时计算，一个小时的痛苦，加上六个小时的幸福，显然要比一个小时的幸福加上六个小时的痛苦划算。她完全同意我的看法，并坚决照此执行。由于她是一个意志坚定的人，所以，不久就彻底克服了拖延工作的坏毛病。

推迟满足感，就是不贪图暂时的安逸，先苦后甜，重新设置人生快乐与痛苦的次序：首先，面对问题并感受痛苦；然后，解决问题并享受更大的快乐。在充满问题和痛苦的人生中，推迟满足感是唯一可行的生活方式。

早在童年时，从 5 岁开始，孩子就可以学习这个自律的原则：先承受痛苦，再享受快乐，避免眼前安逸带来的不利。例如，如果一个 5 岁的男孩多一点儿耐心，让同伴先玩游戏，自己等到最后，就可以在没有人催促的情况下，享受到更多的乐趣。对于 6 岁的孩子而言，学会吃蛋糕时不先把奶油一口气吃完，或者先吃蛋糕，后吃奶油，就可以享受到更甜美的滋味。让上了小学的孩子正确对待家庭作业，是培养“先苦后甜”原则的最佳时机。当孩子满 12 岁时，应该已经无须父母敦促，就可以先做完功课，再去看电视。如果是这样，到了十五六岁以后，他们就会把这个原则内化为一种习惯，成为自己的一种常态。

但是，根据教育工作者的经验，很多青少年都缺少这种健康的习惯，没有体会到推迟满足感的好处。不少孩子长到十五六岁，仍旧不懂“先吃苦，后享受”的原则，而是将次序颠倒过来。所以，他们很容易成为“问题学生”。这些孩子的智商与别人相比毫不逊色，但却不肯用功学习，成绩远远落后于别人。他们说话做事全凭一时冲动，只要心血来潮，不是旷课逃学，就是打架斗殴；他们不愿思考，缺乏耐心，很容易与毒品为伴，故意跟警察发生冲突是他们的家常便饭。“先享受，后付费”成了他们人生的座右铭。如果父母这时才去求助心理治疗，往往为时已晚。因为意气用事的青少年通常不喜欢被人干涉，即便心理医生能以亲切公正的姿态慢慢化解他们的敌意，这些孩子也很难积极配合、参与整个治疗过程。他们的主观冲动过于强烈，经常逃避定期的治疗，心理医生的一切努力，常常以失败告终。最终，这些孩子被迫退学，浪迹社会，继续他们失败的生活模式。他们的成年生活也极为糟糕——婚姻不幸，精神恍惚，容易遭受意外事故，而精神病院或者监狱则可能成为他们最终的归宿。

这是为什么呢？为什么大部分人能够掌握推迟满足感的原则，学会先苦后甜，拥有足够的自制力，可以避免贪图一时安逸的恶果，却有相当数量的人不懂得先苦后甜，最终成为失败者呢？答案目前尚无定论，仅有的答案也缺乏足够的依据。基因的影响并不明显，其他因素也有待科学论证，但大部分迹象表明，在这方面，家庭教育起着相当大的作用。

子不教，谁之过

孩子缺少自律，未必是因为父母管教不严。事实上，他们中的很多人经常受到严厉的责骂和体罚，即便小有过错，父母也会怒不可遏：辱骂、威胁、恐吓、掌掴、脚踢、鞭打、拳击，可谓花样翻新。这样的教育方法只会起到负面作用，因为它本身就违背了自律的原则。没有自律原则作为后盾的管教，不会起到任何积极的作用。

父母自己不遵守自律的原则，就不可能成为孩子的榜样，只会成为反面教材。有些父母常常告诉孩子：“照我的话去做，但不要学我。”他们在孩子面前酗酒无度，烂醉如泥，或者在孩子面前破口大骂，拳脚相加。他们缺乏长辈起码的自制力、尊严和理性；他们形容邋遢、一塌糊涂，甚至偷懒耍滑、背信弃义。这些父母的生活毫无自律，却强迫孩子有条不紊地生活，结果可想而知。假如父亲三天两头殴打孩子的母亲，那么母亲因儿子欺负妹妹而对其施以体罚，又有什么意义呢？又如何能指望儿子听她的话，控制好情绪呢？在孩子稚嫩的心中，父母就是他们的上帝，神圣而威严。孩子缺乏其他的模仿对象，自然会把父母处理问题的方式全盘接受下来。如果父母懂得自律、自制和自尊，生活井然有序，孩子就会把这样的生活视为理所当然。而如果父母的生活混乱不堪，一塌糊涂，孩子也会照单全收。

父母的爱至关重要。即使家庭环境充满混乱，生活贫困，只要有爱存在，照样可以培养出懂得自律的孩子。相反，即使父母身为医生、律师、企业经理或是慈善家，生活方式相当严谨，但如果缺少爱和温情，他们培养出的子女照样会随心所欲，恣意妄为，不懂得自律。

爱是心灵健康成长的动力。在本书第二部分，我将深入探讨这个问题。爱是身心健康必不可少的元素，所以，在这里有必要先来了解一下爱的实质，以及爱同教育的关系。

如果我们爱某样东西，就会乐于花时间去欣赏它，照料它。譬如，某个小伙子终于拥有了心仪已久的汽车，那他一定会把大量的时间花在汽车上面：擦车、洗车、修车、给汽车美容、不停地欣赏它、整理内饰……你也可以观察，一位上了年纪的老人是如何精心照料自己的花园的，他会细心地浇水、施肥、修剪、除虫、嫁接、移植……同样，对子女的爱也是如此，我们需要付出更多的时间去照顾他们、陪伴他们。

培养孩子学会自律，需要投入足够的时间。如果不把精力用在孩子身上，与孩子相处的时间少得可怜，就无法深入了解他们的需要，并找到教育他们的正确方式。在孩子明显需要培养自律能力的时候，我们不是挑起担子，而是不耐烦地说道："我没精力管你们，你们想怎么样，就怎么样吧！"到头来，当孩子犯下错误逼我们不得不采取行动的时候，我们就会把满腔怒火发泄到他们头上，不是打，就是骂。我们根本不愿去调查问题的本质，也不考虑什么样的教育方式才算适合。父母习惯用严厉的体罚教训孩子，本质上不是教育，而是发泄自己心中的怨气和不满。

聪明的父母决不会这样做。问题发生之前，他们就愿意花时间了解孩子，对症下药地教育孩子。他们会用恰当的敦促、鼓励和表扬，以及必要的警告和责备，来巧妙地引导孩子的发展方向，教他们学习自律。他们会认真观察孩子的言行举止，从孩子吃蛋糕、做功课、撒谎、欺骗、逃避责任等行为中，及时发现问题；他们也会倾听孩子的心声。在对孩子的管教上，他们知道什么时候该紧，什么时候该松，什么时候该表扬，什么时候该批评。他们给孩子讲有意义的故事，用小小的亲吻、拥抱和爱抚，用小小的警告和批评，就能及时纠正孩子的问题，使问题消失于无形。

可以断言，父母的爱，决定着家庭教育的优劣。充满爱的家庭教育带来幸运；缺乏爱的教育只能导致不幸。富有爱心的家长，善于审视孩子的需要，并做出理性的判断。当孩子面临痛苦抉择时，他们会真心实意与孩子一块儿去经受痛苦和折磨，而孩子也能领受父母的这片苦心。他们未必立刻流露出感激之情，却可以领悟到痛苦的内涵和真谛。他们提醒自己："既然爸爸妈妈愿意陪着我忍受痛苦，痛苦就不见得那么可怕，而且也未必是太坏的事。我也应该承担责任，面对属于自己的痛苦。”——这就是自律的起点。

父母付出的努力越大，孩子就越会意识到自己在父母心中的价值。有的父母为掩饰家庭教育上的失败，会不停地告诉孩子说自己是多么爱他们，多么重视他们，等等，但真相无法逃过孩子的眼睛。孩子不会被谎言和欺骗长期蒙蔽，他们渴望得到父母的爱，如果父母一再出尔反尔，只会让他们渐失信心。即便他们表面上不会表现出什么，不会牢骚满腹，或者大发雷霆，但却会把父母的教导和许诺看得一文不值。更为糟糕的是，他们会情不自禁地模仿父母，拷贝父母的处世方式，将它视为人生的标准和榜样。

那些沐浴着父母之爱而成长起来的孩子，心灵可以得到健康的发展。他们也许会偶尔赌气，抱怨父母一时的忽视，然而，内心深处却清楚父母深爱着他们。父母的珍视让他们懂得珍惜自己，懂得选择进步而不是落后，懂得追求幸福而不是自暴自弃。他们将自尊自爱作为人生起点，这有着比黄金还要宝贵的价值。

“我是个有价值的人”——像这样对自我价值的认可，是心理健康的基本前提，也是培养自律的根基。它直接来源于父母的爱。“天生我材必有用”，这种自信必须从小培养，成年后再作补救往往只能事倍功半。如果孩子从幼年起就能享受父母的爱，成年后即便遭遇天大的挫折，根基坚固的自信也会让他们鼓足勇气，勇敢地战胜困难，而不是自暴自弃。

对自我价值的认可是自律的基础，因为当一个人觉得自己很有价值时，就会采取一切必要的措施来照顾自己。自律是自我照顾，自我珍惜，而不是自暴自弃。既然我们讨论的是推迟满足感和规划时间，就让我们以时间为例。如果我们认为自己很有价值，就会认为我们的时间也很有价值，如此有价值的时间必须要加以善用。那位拖延工作的财务专家的问题，就在于她忽略了自己时间的价值，因此才造成时间的浪费。童年时，她曾有过不幸的遭遇：亲生父母本来有能力照顾她，可是每逢学校放假，他们都会花钱把她送到养父母家中，她从小就体验到了寄人篱下的感觉。她觉得父母不重视她，也不愿意照顾她。小时候就觉得自己低人一等，长大以后，尽管她聪明能干，但自我评价却低得可怜。因为自我评价很低，所以，她才不重视自己的时间。一旦认识到自己的价值之后，她自然就意识到了自己时间的宝贵，必须合理有序地进行安排。

孩子在童年时能得到父母的爱和照顾，长大后内心就会拥有安全感。所有的孩子都害怕被遗弃。孩子到了六个月大，就会意识到自己是一个独立的个体，与父母是彼此分离的，这使他们感到无助。他们知道依靠父母的养育才能生存，遭到遗弃就会死亡，所以，孩子害怕任何形式的遗弃。绝大多数父母对孩子的这种恐惧心理都有敏锐的直觉，他们向孩子做出保证："我们是爱你的，永远不会丢弃你不管。""爸爸妈妈当然会回来看你，我们会永远陪伴在你的身边。""我们是不会忘记你的。"如果除了这些口头保证之外，还有实际的行动相配合，那么，待孩子到了青春期，潜在的恐惧就会消失。他们不会只贪图一时的安逸，牺牲掉长期的幸福，而是甘愿以某种方式推迟暂时的满足感。他们知道，只要耐心等待，他们的需求最终都会实现，就像父母做出的保证一样。

很多孩子未必有这样的运气，他们从幼年起就遭受父母的遗弃、忽略、殴打乃至威胁，或者像那位财务专家一样缺少父母的疼爱和关心。即便没有类似的不幸，他们也会因为没有得到父母爱的保证，而生活在恐惧的阴影中。有些父母贪图省事，缺乏耐心，动不动就会用“遗弃”来威胁和管束孩子：“照我的话做，不然我就不再爱你，你自己想想，会落得什么下场！”——那当然意味着抛弃和死亡。这样的父母把爱心丢在一边，取而代之的是控制和专制，这使得孩子对未来充满恐惧。他们觉得世界是不安全的，甚至把世界看成是地狱，这种恐惧的感觉会一直保留到成年以后。他们宁肯提前透支未来的快乐和满足，也不愿意推迟满足感，先苦后甜。在他们眼里，将来太遥远、太渺茫、太不可靠，所以，即使将来比现在好过许多倍，他们也不愿意去等待，只愿意得过且过。

要让孩子养成推迟满足感的习惯，就必须让他们学会自律。要让他们学会自律，对安全感产生信任，不仅需要父母真心投入，还需要父母表里如一的爱和持之以恒的照顾，这是父母送给子女最好的礼物。如果这份礼物无法从父母那里获得，孩子也有可能从其他渠道得到，不过其过程必然更为艰辛，通常要经过一生的鏖战，而且常常以失败告终。

解决问题的时机

前面谈到父母的爱对培养孩子自律，即推迟满足感的能力有很大的影响，现在我们不妨看看不能推迟满足感，对成年生活会有怎样的影响。这种影响微妙却具有极强的破坏力。

虽然我们中的大多数人都具有推迟满足感的能力，能够先苦后甜，可以顺利读完高中和大学，继而进入社会，成年后不至于锒铛入狱，但是我们的成长过程通常仍是不完善的，因而导致解决问题的能力也不够完善。

说来可笑，我到 37 岁才学会修理日用物品，此前不管是修水管、电灯，还是根据说明书组装玩具或组合家具，我都一窍不通。尽管我读完医学院，并成家立业，在心理治疗和行政管理方面小有成就，但一碰到机械方面的事，就笨手笨脚，活像个愚蠢的傻瓜。我自卑地相信自己缺乏某种基因，天生就不是解决机械问题的料。37 岁快要结束的那年春天，一个星期天，我在户外散步，看见邻居正在修理除草机。我同他打过招呼，羡慕地说："哦，你真是能干啊！我从来就不会修理这些玩意儿。"他马上回答："你只不过没有花时间去尝试罢了。"我继续散步，内心越来越不平静，他这句简单却意味深长的话给了我很大的震撼。我扪心自问："他说的可能是对的。伙计，也许你真的没那么差劲儿，是吗？"

我铭记他的话，并提醒自己：以后有机会一定要花时间检验一下。不久我就有了机会。一位女患者的汽车刹车踏板被什么东西卡住了，没法踩下去。她告诉我，仪表板下面有个刹车开关，不过她不知道开关的确切位置，也不知道是什么形状。我自告奋勇帮她解决这个问题。我躺在方向盘下面的车底板上，提醒自己尽量放松。我深深地吐出一口气，然后耐心地观察了好几分钟。我看不懂眼前那成堆的电线、管子和杠杆，它们到底是怎么回事？我集中注意力追踪与刹车有关的机件，逐渐弄懂了刹车的运作过程。最终，我找到了症结——那个使刹车无法移动的小开关。我又做了细致研究，发现用手指向上一扳，刹车就可以自由活动。于是我就这么做了：指尖轻轻一拨，问题就彻底解决了。我异常振奋：嘿，我真是一流的机械师啊！

我的专业与机械无关。我既没有机械专业知识，也不愿解决机械问题。大多数情况下，我宁愿求助于修理工，替我解决这些问题。我现在知道，这完全是我自己的选择，而不是基因有什么缺陷。我相信，除非存在智力障碍，不然只要花时间学习，就没什么问题解决不了。

许多人都没有付出足够的时间和精力，去解决知识、社交、心理方面的问题——就像我对待机械问题的态度一样。在得到启发之前，假如那天我缺乏耐心，或许就会把脑袋伸到汽车仪表板下，胡乱扯几根线头，见没有效果就耸耸肩、摊摊手说：

“对不起，我搞不清楚是怎么回事，我想我没办法帮你的忙。”许多人处理问题不都是采取这样的态度吗？前面提到的那位财务专家，尽管是一位相当有爱心也相当努力的母亲，却怎么也管不好两个孩子。如果孩子的情绪出现异常，或者家庭教育出现问题，她很快就会觉察到，但她通常只会根据大脑的即兴反应，随意动用家长权威。例如强迫孩子多吃早点，或是提前就寝等。根本不管这样的决定是否有助于问题的解决。实在没有办法时，她就会向我求助，懊恼地对我说：“我拿他们一点儿办法也没有，我该怎么办呢？”这位女士头脑聪明，只要在工作上不再推诿塞责，就能表现出极强的能力，但在解决家庭矛盾上，她立刻就成了智力低下的人。问题的关键仍旧出在她对时间的利用上。家庭问题让她头昏脑涨，她只想尽快脱身，尽快缩短自己与问题接触的时间，而不愿花足够的时间来应对这种不舒服的感觉，不愿冷静地分析问题。虽然解决问题能给她带来满足感，但她根本不想去推迟这种满足感，哪怕是一两分钟也不行，最终她没有从问题中积累起任何有效的经验，家庭便因此长期陷入了混乱。

我们谈论的上述人士，并非有明显的心理障碍，在面对问题时，也没有任何智力缺陷，他们的问题仅仅在于缺乏自律。那位财务专家的情况足以代表所有的人。我们有谁能够拍着胸脯说，自己总能花足够多的时间分析孩子的问题，解决家庭危机？又有谁真正学会了自律和自我管理，从来不会消极面对一切问题，不会心灰意冷地摊开双手说“这超出了我的能力范围”？

和缺乏耐心、想让问题马上解决的态度相比，另一种面对问题的态度更低级，也更有破坏性，那就是希望问题自行消失。人人都有这样的倾向：问题一旦出现，就想立刻解决，不然就会思绪烦乱、寝食不安。这样的心态显然不切实际，但一厢情愿地等待问题自行消失，则是更为可怕的事情，通常不会带来任何好结果。有一位 30 岁的单身销售员，他在某个小城市接受团体治疗期间，与其中一位团体成员的妻子偷偷好上了。那人是个银行家，最近刚刚和妻子分居。销售员知道银行家因为妻子的离去，一直处于愤怒和郁闷之中。他也知道自己对那位银行家和其他团体治疗成员并不诚实，因为他没有透露自己和银行家妻子的关系，这违背了团体治疗的基本原则。他知道银行家迟早会知道妻子和自己的关系。解决这个问题的唯一办法，就是把这种关系在治疗团体里公开，取得大家的支持，承受银行家的怒火。但这位销售员却什么都没有说。过了三个月，银行家发现了他们的关系。正如预料的那样，银行家愤怒不已，马上就退出了治疗团体。销售员伤害性的举动遭到了全体成员的质疑和指责，而他却辩解说：“我认为说出这件事可能会引起一场激烈的争论，假如我什么都不说，一切都会过去，矛盾就不会爆发出来。我以为等待足够长的时间，问题可能就会消失。”

——问题没有消失，它仍然继续存在，仍然妨碍着心灵的成长和心智的成熟。

团体治疗专家提醒销售员：为逃避解决问题而忽视问题的存在，并指望问题自行消失的倾向，是他人生中存在的重大问题。可是四个月以后，就在那年的初秋，他又做出了一次匪夷所思的举动：他突然中止了销售工作，开办了一个家具修理公司。（这样，他就不必经常出差了。）团体成员都认定他这么做是孤注一掷，对他这个决定的合理性提出质疑，因为冬天（淡季）即将来临，他很可能生意惨淡。但他却固执地认为公司可以接到许多订单，让他渡过难关。到次年二月，他终于告诉大家，他不得不放弃治疗了，因为他已无法支付治疗费用。他一贫如洗，只好另寻职业。在过去五个月里，他一共只修理了七件家具。当他被问到既然前景不妙，为什么没有及早去找一份工作时，他回答说："六个星期以前，我就知道我的钱快花光了，但是又想怎么也不会落到这步田地。那时，我觉得情况不至于那么急迫。可是，现在完全不一样了，我根本没有料到！"显然，他又一次忽视了自己的问题。他终于明白，只有解决了"忽视问题"这一问题，他才能继续解决其他问题，才能走向下一步——世界上所有的心理治疗，本质上莫不如此。

忽视问题的存在，反映出人们不愿推迟满足感的心理。前面已经说过，直面问题会使人感觉痛苦。问题通常不可能自行消失，若不解决，就会永远存在，阻碍心智的成熟。我们都有过这样的体验：问题降临时，势必带来不同程度的痛苦。尽可能早地面对问题，意味着把满足感向后推迟，放弃暂时的安逸或是程度较轻的痛苦，去体验程度较大的痛苦，这才是对待问题和痛苦最明智的办法。现在承受痛苦，将来就可能获得更大的满足感；而现在不谋求解决问题，将来的痛苦会更大，延续的时间也更长。

表面看起来，前面那个销售员漠视自己的问题，完全是由于其个人心智不够成熟所致。实际上，跟之前说的财务专家一样，我们每个人都存在这样的问题。曾经有位久经沙场的将军告诉我："军队最大的问题在任何组织和机构中都同样存在，那就是绝大多数指挥官只会呆呆坐在办公室里，眼睛盯着大堆问题，迟迟无法做出决定，更谈不上实际行动，似乎盯上几天几夜，问题就会自行消失一样。"这位将军所说的指挥官，不是缺乏意志力的普通人，不是心理脆弱或性格异常的人，而是资历深厚、接受过严格训练的高级军官。

父母同样是指挥官，其使命像管理企业一样复杂。正像军队指挥官那样，许多父母面对孩子的问题束手无策，连续数月乃至数年都无任何举措，只是一味拖延。有一对父母甚至让一个问题拖延了五年都没有解决，最后不得不向儿童心理学家求助。她沮丧地说："我原本以为等孩子长大一些，问题就消失了。但谁知问题一直都存在，而且越来越厉害。"为人父母实属不易，有时要做出某些决定的确很难，而随着孩子年龄的增长，个别问题可能消失，但终归是极少数。在孩子成长的过程中，适当给予指导和帮助，多了解他们的问题，必然是有益的事情。问题拖得越久，就越是积重难返，解决起来自然更加艰难了。

承担责任

不能及时解决自己面临的问题，这些问题就会像山一样横亘在我们心中，阻碍心灵的成长和心智的成熟。

很多人显然忽略了这个道理。我们必须面对属于自己的问题，这是解决问题的基本前提。避之唯恐不及，认为“这不是我的问题”，肯定于事无补；指望别人解决自己的问题，也不是明智之举。唯一的办法——我们应该勇敢地说：“这是我的问题，要由我来解决！”相当多的人只想逃避，他们宁愿这样自我安慰：“问题的出现不是我的错，而是别人的缘故，或是我无法控制的社会因素造成的，应该由别人或者社会替我解决。这绝不是我的问题。”

逃避责任的心理趋向有时会发展到可笑的程度。我曾随美国军队驻扎在冲绳岛，当时有个军官酗酒成瘾，问题严重，只好找我做心理咨询。他否认自己饮酒成性，还认为酗酒不是他的个人问题。他说：“在冲绳，我们晚上无事可做，实在太无聊了，除了喝酒，还能做什么呢？”

我问他：“你喜欢读书吗？”

“是啊，当然啊，我喜欢读书。”他说。

“既然如此，你晚上的时间用来读书不是更好吗？”

“营房里太吵闹，我可没心思读书。”

“为什么不去图书馆？”

“图书馆太远了。”

“难道图书馆比酒吧还要远吗？”

“唉，说实话吧，其实我也不怎么喜欢读书。我原本就不是个爱读书的人。”

我换了话题，继续问道：“你喜欢钓鱼吗？”

“当然啊，我太喜欢钓鱼了。”

“那么，你为什么不用钓鱼来代替喝酒呢？”

“我白天得工作啊。”

“难道晚上就不能钓鱼了吗？”

“当然不能啊，冲绳晚上没地方去钓鱼。”

“好像不是吧，据我所知，这里有好几家夜钓俱乐部，我介绍你加入其中一家，你觉得怎么样呢？”

“嗯……怎么说呢，其实我也不是那么喜欢钓鱼。”

我指出了他的问题：“这样说来，除了喝酒以外，你其实还是有其他事情可做的。但是喝酒才是你最喜欢的事。”

“我想你说得没错。”

“可是，你总是饮酒过量，以至于违犯军纪，给你带来了不小的麻烦，对不对？”

“有什么办法呢？驻扎在这个该死的小岛，人人整天只有靠喝酒打发时间，这难道是我一个人的问题吗？”

我同他交谈了很久，但这位军官总是固执己见，不愿承认酗酒是他的个人问题。他也不肯接受我的建议：只要凭借毅力和决心，再加上别人的帮助，就可以彻底解决自己的问题。我只好无奈地通知他的上司：他根本不肯接受帮助，他的固执让我无能为力。就这样，他继续酗酒，最终被开除军职。

也是在冲绳，有一位年轻的军人妻子用剃须刀片割腕自杀，被送到急救室抢救。后来，我在病房里见到她，问她为什么要这么做。

“我当然是想自杀了。”她说。

“你为什么想自杀呢？”

“这个地方让我觉得无聊，我一刻也忍受不了。你们必须把我送回国内，要是还得待在这里，我还是会自杀的。”

“住在冲绳为什么让你感觉那么痛苦呢？”

她抽泣着说：“我在这里什么朋友也没有，我一直都很孤独。”

“这确实很糟糕。可是，你为什么不去交朋友呢？”

“因为我住在该死的居民区，那里没人说英语。”

“那你为何不驾车去美军家属区，或者去参加军人妻子俱乐部，在那里结交朋友呢？”

“因为我丈夫白天得开车上班。”

“既然你白天孤独和无聊，为什么不开车送你丈夫上班呢？”我问道。

“因为我们的汽车是手动挡，不是自动挡，我不会开手动挡汽车。”

“你为什么不学着开手动档汽车呢？”

她瞪着我，说：“就在这里糟糕的道路上学习吗？你一定是疯了。”

神经官能症与人格失调症

求助于心理医生的大多数人，所患的不是神经官能症，就是人格失调症。它们都是责任感出现问题所致，但表现症状却彼此相反：神经官能症患者为自己强加责任，人格失调症患者则不愿承担原本属于自己的责任。与外界发生矛盾时，神经官能症患者认为错在自己，人格失调症患者则把错误归咎于旁人。那位酗酒的军官认为责任在冲绳的环境而不在他自己，而那位军人妻子则认为自己无力面对孤独。我在冲绳工作期间，还接待过一位患有神经官能症的女士，过度的寂寞让她难以忍受。她说：“我每天都会驾车到军属俱乐部，希望结识到新朋友，可那个地方总是让我心烦意乱，我感觉其他军人妻子都不愿和我在一起，我想我一定有什么问题，我的性格可能太内向了。我无法理解，我为什么不受欢迎呢？”她以为，自己的寂寞完全是自己性格怪异的结果。治疗发现，她的智商高于常人，进取心也比一般人强烈，这才是她和别的军官妻子以及丈夫合不来的原因。她终于意识到，寂寞并不是她的错。她做出了更适合自己的选择：不久后她和丈夫离婚了，回到大学校园，一边读书一边抚养孩子。她如今在一家杂志社当编辑，嫁给了一位事业有成的出版商。

神经官能症患者常常把“我本来可以”“我或许应该”“我本不应该”挂在嘴边。不管做什么事，他们都觉得自己能力不及他人，不够资格，因而缺少勇气和个性，总是做出错误的判断。人格失调症患者则常常说“我不能”“我不可能”“我不得不”，似乎他们根本就没有选择的余地，他们的行为完全是迫于外界压力的无奈之举。他们缺少自主判断和承担责任的能力。治疗神经官能症比治疗人格失调症容易得多，因为神经官能症患者坚信问题应由自己负责，而非别人和社会所致。治疗人格失调症患者则比较困难，因为他们顽固地认为问题和自己无关，他人和外界才是罪魁祸首。不少人兼具神经官能症和人格失调症，统称为“人格神经官能症”。在某些问题上，他们把别人的责任揽到自己身上，内心充满内疚感；而在另一些问题上，他们却拒绝相信责任在于自己。治疗这样的患者时，需要首先治愈神经官能症，让患者对治疗树立信心，进而接受医生的建议，纠正不愿承担责任的心理，消除人格失调的根源。

几乎人人都患有不同程度的神经官能症或是人格失调症，所以人人都可以受益于心理治疗，当然，前提是当事人乐意这么做。在复杂多变的人生道路上，判断自己该为什么事和什么人负责，这是一个永远存在的难题。这个问题从未彻底解决过，因为我们必须不断地评估、再评估我们的责任所在。这个过程是痛苦的，我们必须完全自愿和主动地去进行这种反反复复的自我审视。这种自愿和主动不是天生的。某种意义上，所有的孩子都患有人格失调症，都会本能地逃避责罚。兄弟姐妹打架，大人追究起来，所有的孩子都会忙不迭地推卸责任。不少孩子也都患有某种程度的神经官能症，把自己承受的痛苦看成是罪有应得。缺少关心的孩子自惭形秽，认为自己不够可爱，缺点大于优点。他们从来不会想到，这应该归咎于他们的父母没有对他们付出足够的爱。青春期的孩子在无法得到异性的青睐，或在运动方面表现糟糕时，也都会怀疑自己的能力有缺陷。他们难以意识到，即便体力和智力平平，他们也可以大器晚成。只有通过大量的生活体验，让心灵充分成长，心智足够成熟，我们才能够正确认识自己，客观评定自己和他人应该承担的责任。

父母可以帮助孩子走向心智成熟。在孩子慢慢长大的过程中，父母拥有成千上万次教育孩子的机会。面对这样的机会，你是勇于承担起父母的责任，还是推卸责任呢？对这种机会的把握需要父母保持敏感，了解孩子的需要，主动投入爱、时间和精力，甚至是承受痛苦，这个过程本身就是父母为孩子的成长应该承担的责任。

相反，如果父母对孩子的问题不敏感，视而不见，甚至自身还存在缺陷，那么，父母就会阻碍孩子的心智成熟。神经官能症患者，由于他们总是主动承担责任，所以只要症状轻微，不过分越俎代庖，也可以成为很棒的父母。但是，人格失调症患者多是不称职的父母。他们不愿承担作为父母的责任，其本人又不知不觉，所以，他们对待孩子的方式无异于恶性循环式的摧毁。心理学界有一种公认的说法："神经官能症患者让自己活得痛苦，人格失调症患者让别人活得痛苦。"也就是说，神经官能症患者把责任揽给自己，把自己弄得疲惫不堪；人格失调症患者却责怪别人，首当其冲的就是他们的子女。他们不履行作为父母的责任，不给孩子必要的爱和关心。孩子的德行或学业出现问题时，他们从来不会自我检讨，而是归咎于教育制度，或是抱怨和指责别的孩子，认为是他们"带坏"了自己的孩子。这样的父母常常指责孩子："你们这些孩子，都快把我逼疯了！""要不是为了你们这些孩子，我早就和你们的爸爸（妈妈）离婚了！""你们的妈妈神经衰弱，都是你们造成的！""要不是为了抚养和照顾你们，我原本可以顺利读完大学，干一番真正的大事业。"他们为孩子日后逃避责任提供了榜样，还传递给孩子这样的信息："我的婚姻很不幸，我的心理不健康，我的人生潦倒不堪，全都是你们的责任。"孩子无法理解这种指责多么不合理，于是就归咎于自己，由此成了神经官能症患者。因此，父母有人格失调症状，孩子也会出现人格失调或神经官能症，上一代的问题影响下一代的成长，这种情况并不罕见。

人格失调症患者不仅会为孩子树立反面的榜样，自己的婚姻、交友和事业也会受到影响。他们不肯担负起自己的责任，导致人生问题重重。前面说过，如果不去直面问题、解决问题，问题就会永远存在。人格失调症患者完全背离了这种做法，他们不由自主地把责任推给配偶、孩子、朋友、父母和上司，或是推给学校、政府、种族歧视、性别歧视、社会制度、时代潮流等，而不去努力解决问题，因而问题始终存在。他们推卸责任时，可能会感到痛快，但心智却无法成熟，常常成为社会的负担。这让人想起20世纪60年代，美国黑人作家埃尔德里奇·克里佛的一句话："你不能解决问题，你就会成为问题。"其实，这句话是对所有人说的。

逃避自由

如果一个人被心理医生诊断为人格失调症，那说明这个人逃避责任的程度已经相当严重。因为在现实生活中，我们每个人或多或少都有逃避责任的倾向，我自己也不例外。我在30岁时，幸运地得到了麦克·贝吉里的指点，才克服了轻度的人格失调倾向。当时，贝吉里担任精神科门诊部主任，我在他的部门工作，跟其他医生轮班接诊患者。或许是我责任心太强，工作日程表总是排得满满的，工作量远远多于其他同事。别的医生每周接待一次患者，我每周则要接待两三次，结果可想而知：别的医生每天下午四点半陆续下班回家，而我要一直工作到晚上八九点钟。这使我心怀不满，疲劳感与日俱增。我意识到必须改变这种局面，不然我肯定会崩溃的。我去找贝吉里主任反映情况，希望他给我安排几个星期的假期，不再接待新的患者。我暗自揣测："他应该会同意的，对吧？他是否有别的解决办法呢？"在贝吉里主任的办公室，他耐心地听我抱怨，一次也没有打断我。我说完后，他沉默了一下，同情地对我说："哦，我看得出来，你确实有问题。"

他的关心和体谅让我很是感激。"谢谢您！那么，您认为我应该怎么办呢？"

他回答说："我不是告诉你了吗，斯科特，你有问题。"

这是什么回答啊，简直是驴唇不对马嘴，完全不是我期待的，我多少有些不悦。"是的，"我再次问道，"您说得没错，我知道我有问题，所以才来找您的。您认为我该怎么办呢？"

他说："斯科特，很明显你没弄懂我的意思。我听了你的想法，也理解你的状况，你现在的确有问题。"

"好啦，好啦，我知道我有问题，我来这里之前就知道了！可问题在于，我究竟该怎么办呢？"

"斯科特，认真听好，我再说一遍：我同意你的话。你现在确实有问题！说得再清楚些，你的问题和时间有关。是你的时间，不是我的时间。这不是我的问题，是你的问题。你，斯科特·派克，在时间管理方面出了问题。我就说这么多。"

我气得要命，转身就走。一连三个月时间，我满肚子都是火气。我坚信他患有严重的人格失调症，不然怎么可能对我的问题漠然置之呢？我态度谦虚地请他帮助，可这个该死的家伙，不肯承担起他的责任，哪里还有资格做门诊部主任！作为门诊部主任，这样的问题都不能解决，到底还能做什么呢？

三个月过后，我渐渐意识到贝吉里主任没有错，患有人格失调症的是我，而不是他。我的时间是我的责任。是我，只有我，能决定怎么安排和利用我的时间。是我自己想比其他同事花更多时间治疗患者，这是我自己的选择，我应该承担这个选择的后果。看到同事们每天比我早两三个钟头回家，令我感到难受，而妻子抱怨我越来越不顾家，同样令我感到难过和愤懑，但这不正是我自己造成的吗？我的负担沉重，并不是命运造成的结果，不是这份职业本身的残酷，也不是上司的压榨逼迫，而是我自己选择的方式。同事们选择了和我不同的工作方式，我就心怀不满，这实在毫无道理，因为我完全可以像他们那样安排时间。憎恨他们的自由自在，其实是憎恨我自己的选择，可是这本是我引以为荣的一个选择。想通了这一切之后，对于比我更早下班的同事，我不再心怀嫉恨。虽然我还是像以前那样工作，但心态却发生了根本的改变。

为个人行为承担责任，难处在于它会带来痛苦，而我们却想要躲开这种痛苦。我请求贝吉里主任替我安排时间，其实是逃避长时间工作的痛苦，而这正是我选择努力工作的必然后果。我向贝吉里主任求助，是希望增加他控制我的权力。我是在请求他："为我负责吧，既然你是我的上司！"力图把责任推给别人或是组织，就意味着我们甘愿处于附属地位，把自由和权力拱手交给命运、社会、政府、独裁者和上司。埃里克·弗洛姆把他讨论纳粹主义和集权主义的专著命名为《逃避自由》，可谓恰如其分。为了躲开责任带来的痛苦，数不清的人甘愿放弃权力，实则是在逃避自由。

我有一个熟人，他头脑聪明，却郁郁寡欢。他经常抱怨社会上压迫性的力量：种族歧视、性别歧视，缺乏人性的企业军事化管理。他对乡村警察干涉他和他的朋友留长发，更是感到不满和怨恨。我一再提醒他：他是成年人，应当自己做主。幼小的孩子依赖父母，当然情有可原，如果父母独断专行，孩子也没有选择的余地。头脑清醒的成年人则可不受限制，做出适合自己的选择。诚然，选择也不意味着没有痛苦，但至少可以"两害相权取其轻"。我相信世界上存在压迫性的力量，可是我们有足够的自由与之对抗。我的熟人住在警察排斥长发的乡下，却又坚持要留长发，那么他可以搬到城市居住（那里对于留长发应该更加宽容）或索性剪掉长发；他甚至可以为捍卫留长发的权利，参加警长职位的竞选。奇怪的是，他却没意识到他拥有上述选择的自由。他哀叹自己缺少政治影响力，却从未承认个人的选择力。他口口声声说他热爱自由，但与其说强制性的力量让他受到伤害，不如说是他主动放弃自由和权力。我希望将来有一天，他不再因人生充满选择而牢骚不断，不再终日与烦恼、忧愁、愤怒和沮丧为伴。

希尔德·布鲁茨博士在她的《心理学研究》前言部分解释了一般人寻求心理治疗的原因："他们都面临一个共同的问题——感觉自己不能够'应付'或者改变现状，因此产生恐惧、无助感和自我怀疑。”大多数患者力不从心的根源，在于他们总想逃避自由，不去为自己的问题、自己的生活承担责任。他们感到乏力，是因为他们放弃了自己的力量。如果得到治疗，他们就会知道，作为成年人，他们一生都充满选择和决定的机会。接受这一事实，就会变成自由的人；无法接受这种事实，就会永远觉得自己是个牺牲品。

忠于事实

忠于事实是自律的第三条原则。如果我们追求健康的生活和心智的成熟，那我们就要坚定不移地遵循这条原则。

我们需要实事求是，杜绝虚假，因为虚假与事实完全对立。我们越是了解事实，处理问题就越是得心应手；对事实了解得越少，思维就越是混乱。虚假、错觉和幻想只能让我们不知所措。我们对现实的观念就像是一张地图，凭借这张地图，我们才能了解人生的地形、地貌和沟壑，指引自己的道路。如果地图准确无误，我们就能确定自己的位置，知道自己要到什么地方，怎样到达那里；如果地图信息失真，漏洞百出，我们就会迷失方向。

道理很明显，但多数人仍然漠视事实。通向事实的道路并不平坦，我们出生时，并不是带着地图来到世界的。为了在人生的旅途上顺利行进，我们需要努力绘制自己的地图。我们的努力程度越高，对事实的认识越清楚，地图的准确性就越高。但是很多人不愿意付出这种努力，他们对认识事实缺乏兴趣，故步自封。有的人一过完青春期，就放弃了绘制地图。他们的地图狭小、模糊、粗略而又肤浅，从而导致对现实的认知过于狭隘和偏激。大多数人过了中年，就自认为地图完美无缺，世界观没有任何瑕疵，甚至自以为神圣不可侵犯，而对新的信息和资讯缺乏兴趣。只有极少数幸运者能继续努力，他们不停地探索、扩大和更新自己对于世界的认识，直到生命终结。

绘制人生地图的艰难，不在于我们需要从头开始，而在于需要不断修订，才能使地图的内容准确翔实。世界不断变化：冰川来临，继而又消退；文化出现，随即又消失；技术有限，技术又似乎无限……我们观察世界的角度也时刻处于更新和调整之中。我们从弱小的、依赖性很强的孩子，一点点地成长为强有力的、被他人依赖的成年人；我们生病或衰老时，力量再次消失，我们又变得虚弱，需要依赖别人。成家立业，生儿育女，都会使我们的世界观发生改变。随着我们的孩子从婴儿长到青春期，我们的心情也会发生变化。我们贫穷时，世界是一种样子；我们富有了，世界又是另外的样子。身边每天都有新的信息，要吸收它们，地图的修订就要不断进行。有些时候，需要吸收的新信息太多，我们不得不对地图做大规模的修订，这些修订工作会给我们带来很大的痛苦，由此便成为了许多心理疾病的根源。

人生苦短，我们只想一帆风顺。我们由儿童成长为青年人、中年人乃至老年人，付出了不懈的努力，才绘成了现在这幅关于人生观和世界观的地图，似乎各方面都完美无缺。一旦新的信息与过去的观念发生冲突，需要对地图大幅度修正，我们就会感到恐惧，宁可对新的信息视而不见。我们的态度也变得相当奇特——不仅抗拒新的信息，甚至指责新的信息混淆是非，说它们是异端邪说。我们想控制周围的一切，使之完全符合我们的地图。我们花费大量时间和精力，去捍卫陈腐的观念，其消耗的时间和精力远比修订地图本身多得多，这是多么可悲的事情啊！

移情：过时的地图

抱着残缺的人生地图不放，与现实世界处处脱节，这是不少人的通病，也是造成诸多心理疾病的根源。心理学家把这种情形称为“移情”。毫不夸张地说，有多少心理学家，就有多少种关于移情的定义。我的定义是：把产生和适用于童年时期的那些感知世界、对世界做出反应的方式，照搬到成年后的环境中，尽管这些方式已经不再适用于新的环境。

尽管移情极具普遍性和破坏性，但其表现往往并不明显。我曾接待过一位30多岁的患者，对他的心理治疗因其移情程度过重而宣告失败。他是一个电脑技术员，因妻子带着两个孩子离去而向我求助。失去妻子并未让他痛苦，失去孩子却让他无法接受。孩子对他的意义大于妻子。妻子曾暗示他：除非他去看心理医生，恢复到正常状态，不然她和孩子们永远不会回到他的身边。为了得到孩子，他只好接受心理治疗。我了解到，妻子对他不满的原因不止一个：他心胸狭窄，经常无故产生妒忌心理，与此同时，他却疏远妻子，对她缺乏关心和体贴。他频繁更换工作，也令妻子难以忍受。早在青春期时，他的生活就混乱不堪，经常与警察冲突，曾因酗酒、斗殴、游荡、妨碍公务等罪名三度入狱。他大学的专业是电子工程，后被校方开除，他却并不在意，说："我的那些老师都是伪君子，和警察没什么区别。"他头脑灵活，找工作原本不在话下。但奇怪的是，不管他做什么工作，都没法坚持下来，顶多不会超过一年半，获得提升更是难上加难。他有时是被解雇的，更多时候则是同上司争吵后主动辞职。他这样描述他的上司："他们都是骗子、谎言家，他们只想保护好他们的臭屁股。"他总是说："你不能相信任何人。"他声称自己童年生活正常，事实却似乎正相反。他在不经意间，多次回忆起父母带给他的极度失望。他们答应在他生日那天送他一辆自行车，后来却把承诺抛到脑后。有时候，他们甚至会忘记孩子的生日。他很伤心，却不认为情形有多么严重，他只是想到"他们可能太忙了"，所以才顾不上他。他们答应与他共度周末，最后不了了之，理由还是"工作太忙"。还有好几次，他们说好到约定地点（比如聚会场合）去接他，最后却忘得一干二净，而原因仍旧是："他们的脑子被太多事情占满了。"

父母的漠不关心，让这位患者的童年充满了阴影，他被悲伤和失望的感觉所包围，最终得出结论：他的父母是不可信任的人。有了这样的看法，他的心境逐渐有了转变，似乎感到舒服了很多。他不再对父母抱有太多期待，也不再把他们的承诺当一回事——他不再相信父母，不对他们抱太多的期望，从而也就减少了失望的次数，减轻了痛苦的程度。

但是这种调整为他将来的生活埋下了祸根。父母是孩子的榜样这一前提，竟然导致他成了不幸的人：由于他没有称职的父母，他就以为他的父母对待他的方式，是所有父母对待子女的唯一方式。基于这一点，他对现实的看法也随之发生了变化。他最初的结论是："我不能相信父母，他们是不值得信任的。"后来进一步升级移情为："我不能相信任何人，没有谁是靠得住的。"这成为他人生地图的主旋律，伴随他进入青春期和成年时期。他一再同权威人物发生冲突：警察、教师、上司。这些冲突越发使他感觉到，凡是具有某种权威，能给予他什么东西的人，都是不可信任的。他并不是没有重新修订地图的机会，而是主动放弃了所有机会。首先，也是唯一能改变他这种观念的办法，就是让他相信在成人的世界中有些人是值得信任的。而这样的做法偏离了他原来的地图，这对他来说简直就是冒险。其次，要想修订地图，他必须重新评价他的父母，承认父母其实不爱他，他们的冷漠根本就不正常，他的童年也不正常。承认这些无疑会给他带来剧烈的痛苦。第三，“任何人都不值得信任”这一结论，是他根据自身体验做出的调整，这曾使他的痛苦感受大大降低。把这种对他来说行之有效的调整完全放弃，做出新的调整，对于他是异常艰难的事。他宁愿维持过去的心态，不去信任任何人。他不自觉地用主观臆断来巩固自己的信念。他强迫自己疏远所有的人，甚至不允许自己同妻子过于亲密。在他看来，妻子同样不可信任，唯一可靠的就是孩子，因为他们是唯一权威不在他之上的人，是他在世界上唯一能够信任的人。

病人来看心理医生，是因为旧地图已不再生效，但头脑中的观念依然根深蒂固。许多移情患者尽管向心理医生求助，但却拒绝按医生的要求做出调整，甚至为了捍卫旧地图而跟医生针锋相对，这样，心理治疗就很难取得进展。那位电脑技术员就属于这种情形。一开始，他要求每周六前来就诊，过了三次，他就破坏了约定，因为他找到了一份周末兼职差事：帮助别人修剪草坪。我建议他把就诊时间改到周四晚上，可是过了两次，他又因加班而中断了治疗。我不得不重新调整接诊日程，把时间改在周一晚上，因为他说过他周一很少加班。又过了两次，因为加班，他连周一晚上的就诊也取消了。我开始感到怀疑，问他是否真的需要不停地加班，因为我不可能再安排别的时间为他治疗。他最终承认，其实公司并未要求他加班，他只是希望多赚些外快。在他看来，工作远比治疗更加重要。他对我说，如果周一晚上不加班，他会在周一下午 4 点左右打电话通知我。我坦率地告诉他，这种安排不适合我，我不可能把周一晚上的计划统统放到一边，专心等待他不确定的就诊。他感到我太过苛刻和冷漠，因为我竟然把我的时间看得比他还重要，根本不关心他的病情。简而言之，他认为我这个人不值得信任。到了这个地步，我们的合作只好中断，我也成了他旧地图上新的“界标”。

移情现象并不仅仅存在于心理医生和患者之间。父母和子女、丈夫和妻子、上司和下属之间，朋友、团体以及国家之间，都存在移情问题。在国际关系中，移情是个有趣的研究课题。国家首脑同样是人，他们的部分人格同样是童年经验塑造的结果。譬如，希特勒追随的是什么样的人生地图，它从何而来？越战期间，美国历经几任总统，他们各自都有怎样的人生地图？我想，他们的地图肯定各不相同。经历过经济大萧条对他们的地图有着怎样的影响？而在五六十年代成长的一代，他们的地图又是什么模样呢？如果说二十世纪三四十年代的童年经历塑造的地图，导致美国领导人发动了越战，那么六七十年代的现实状况，又将给我们的未来带来什么样的结果呢？从政府首脑到普通民众，我们应该如何忠于事实，及时修订人生地图呢？

逃避现实的痛苦是人类的天性，只有通过自律，我们才能逐渐克服现实的痛苦，及时修改自己的地图，逐步成长。我们必须忠于事实，尽管这会带来暂时的痛苦，但远比沉湎于虚假的舒适中要好。我们必须忍受暂时的不适感，追求事实而不是假象，并承受这一过程的痛苦。要让心灵获得成长，心智走向成熟，就要竭尽全力，不惜一切代价，完全忠于事实。

迎接挑战

完全忠于事实的生活到底意味着什么呢？首先，它意味着我们要用一生的时间进行不间断地严格地自我反省。我们通过自身与外界的接触来认识世界。我们不仅要观察世界本身，也要对观察世界的主体（我们自身）进行反省。心理医生们大都清楚，要了解患者的移情现象和心理冲突，治疗者首先要认清自身的移情和冲突。所以，心理医生们也要学会自律，甚至接受必要的心理治疗。遗憾的是，并非所有的心理医生都能做到这一点，他们也许能客观地观察外在世界，却不能以同样客观的眼光审视自我。就世俗的标准来看，他们可能忠于职守，却未必充满智慧。智慧意味着将思考与行动紧密结合起来。在过去的美国，“反思”（自我反省）并没有受到高度重视。20 世纪 50 年代，人们曾把美国副总统阿德莱·斯蒂文森讥为“呆子”，认为他不可能成为一个出色的管理者，因为他这个人想法过多，经常陷入自我怀疑的状态中。事实上，斯蒂文森的政绩令人瞩目，完全推翻了人们的猜想。我也亲耳听到过，有的父母严肃地提醒青春期的子女：“你想得太多，只会把自己累坏。”这实在是荒谬。人之为人，就在于我们具有特殊的大脑额叶，使我们有着异于其他动物的反省能力。随着科学和文明的进步，我们昔日的态度似乎可以改变，我们意识到，自我反省对于我们的生存至关重要。反省内心世界带来的痛苦，往往大于观察外在世界带来的痛苦，所以很多人逃避前者而选择后者。实际上，认识和忠于事实带给我们的非凡价值，将使痛苦显得微不足道。自我反省带来的快乐，甚至远远大于痛苦。

忠于事实的生活还意味着我们要敢于接受外界的质疑和挑战。这也是唯一能确定我们的地图是否与事实符合的方法。如果不这样做，我们就等于把自己关进了诗人西尔维亚·普拉斯笔下的“单间牢房”——反复呼吸自己释放的恶臭空气，越来越沉迷于自己的幻想。修订地图带来的痛苦，使我们倾向于选择逃避，不容许别人质疑我们的地图。我们对孩子说：“不许顶嘴，我们是你的父母，在家里我们说了算。”我们对配偶说：“我们就这样维持现状吧。你说我的不是，我就会闹得天翻地覆，让你后悔莫及。”我们上了年纪以后，就对家人和外人说：“我又老又弱，你为什么还要跟我过不去？我这么大年岁，可你居然对我指手画脚！我的晚年活得不开心，都是你的责任。”我们当了老板，就对雇员说：“据说你有胆量怀疑我，还要向我挑战。你最好想清楚，别让我知道，不然就赶快卷铺盖走人吧！”

故步自封，逃避挑战，可以说是人性的基本特征之一。不管现实如何变化，我们都有自我调节的能力。逃避挑战是人类的本能，但不意味着它是恰当的，也不意味着我们无法做出改变。把大便弄到裤子上、一连许多天都不刷牙，同样也是我们的“自然本性”，但事实是明摆着的：我们必须超越这样的自然本性。和原始人相比，现代人已经发生了许多变化，这说明我们完全可以在一定程度上，违背与生俱来的本性，发展新的天性。人之为人，或许就在于我们可以改变本性，超越本性。

接受心理治疗，大概是一种最违反人类本性，却又最具人性的行为。在心理治疗中，我们不但要释放自己，接受别人最尖锐的挑战，还要为此而花费金钱。接受心理治疗需要勇气。不少人逃避心理治疗，不是缺乏金钱，而是缺乏勇气。许多心理学家都没有意识到这一点，哪怕他们自己更需要接受治疗，也从未产生过类似的想法和念头。有些去看心理医生的人被别人认为是意志薄弱者，甚至被别人诟病和讥讽，但事实上，他们远比旁观者勇敢，因为他们敢于接受治疗。哪怕是在治疗初期，心理医生对他们的人生地图提出挑战，他们也能坚持下来，这足以证明他们比别人更勇敢、更坚强。

接受心理治疗是迎接他人质疑和挑战的终极方式，其实日常生活为我们提供了更多接受挑战的机会。这些机会可以出现在冷饮店里、会场、高尔夫球场、餐桌和床上；也可能出现在与同事、上司、雇员、伴侣、朋友、情人、父母以及孩子的沟通中。曾有一位女士前来治疗，她的头发梳得整整齐齐。在一个疗程即将结束前，我注意到，她在治疗过程中有好几次取出梳子梳头，这让我产生了好奇，于是询问原因。“几个星期前从您这里回到家后，我丈夫注意到我后脑的头发被压平了。”她红着脸解释说，“我没有告诉他原因。我害怕他知道我在接受心理治疗，那样他会狠狠地嘲笑我。”由此看来，除了治疗本身，我们还要解决治疗以外的问题，处理患者的日常生活和情感关系。只有让接受挑战成为习惯，心理治疗才能够真正成功。当这位女士对丈夫开诚布公，告诉他自己一直与我配合接受治疗时，她的治疗才取得了飞跃式的进展。

大多数患者来看心理医生，起初只是为了寻求安慰和解脱，极少有人有意识地寻求挑战。挑战即将来临时，不少人都会产生逃避的念头。心理医生需要让患者明白，只有接受挑战才能得到真正的安慰，心灵才能获得治愈和成长——这不是一件容易的事。心理医生要运用有效的技巧，进行大量的工作，才能达到这一目的。心理医生有时还需要设置“陷阱”，有意“引诱”患者坚持治疗，免得半途而废。有时候，即使医生和患者有过一年以上的接触，治疗也尚未真正开始。

为让患者迅速接受挑战，心理医生经常采用“自由联想”的方法，鼓励患者说出真相。譬如，让患者说出最先想到的事，“想到什么就说什么，不管它们看上去多么不重要。哪怕它们看上去毫无意义，你也要把它们说出来。如果同时想到了两三件事，就说出你最不愿意说的那件事。”如果患者积极配合，往往能取得神奇的效果。有的患者有很强的抗拒心理，假装配合医生，却有意隐瞒最重要的部分。比如，某个女人可能用一个钟头时间，说起童年的种种经历，却不想提及引发她神经官能症的核心细节——就在某天早晨，她的丈夫一再逼问她，为什么从他们的银行账户中透支了 1000 美元。这样的患者往往不是习惯于撒谎，就是有自欺欺人的倾向。他们存心把心理治疗变成记者招待会，面对提问，总是闪烁其词。

不管个人还是组织，要想接受质疑和挑战，必须要真正允许别人来检视我们的地图。完全忠于事实的第三个要求，就是我们需要一辈子保持诚实。我们必须不断自我反省，确保我们的言语能够准确地表述出我们所认知的事实。

诚实可能带来痛苦。人们说谎，就是为了逃避质疑带来的痛苦。在“水门事件”中，尼克松总统说谎的情形既单纯又可笑，就如同一个打碎台灯的 4 岁孩子在母亲面前拼命辩解，说台灯是自己从桌子上掉下去的。因为畏惧挑战带来的正常的痛苦，所以就靠撒谎来逃避，这样很有可能导致心理疾病。

说到逃避，我们就要提一下“捷径”。有时，人们会试图用捷径来逃避困难。为了更快地达到目标，我们总想选择更短的道路，这就是所谓的“捷径”。作为正常人，我们都希望自己进步得更快，希望通过合理的捷径，实现心灵的快速成长，但不要忘记：关键的字眼是“合理”。为了通过学位考试，我们可以去阅读一本书的梗概，而不是把整本书读完，这就是合理的捷径。如果梗概内容全面而精炼，我们就可以节省大量时间和精力，同时又能获得必要的知识。作弊则是不合理的捷径，它或许能让我们侥幸通过考试，获得渴望已久的学位证书，但却无法让我们拥有真正的知识。这样，我们的学位就完全反映不了我们的真实水平。假如这份学位成了我们人生的基础，那么我们呈现给世界的面目就是一幅假象，而不是真实状况的反映。我们需要继续撒谎和掩饰，才能保护假象不被揭穿。

要使心智成熟，接受心理治疗是一种合理的捷径，但这一点却常常被人忽视。我们听到的最常见的辩解，就是质疑心理治疗的合理性——“我担心治疗会使我产生更多的依赖，让治疗本身成了一副拐杖，而我不想依赖拐杖前进。”其实，这样的托词只是对内心恐惧的掩饰。接受心理治疗对于我们心灵的意义，有时就像使用锤子与钉子建造房屋一样，它并非是必不可少的“拐杖”。没有锤子和钉子，照样有可能修建起一座房屋，但是整个过程通常更缺乏效率，难以令人满意，很少有哪个木匠因为不得不依赖锤子和钉子而对自己异常失望。同样，一个人心智的成熟，即使不通过心理治疗也完全可以实现，不过整个过程可能更加漫长和艰难。使用有效的工具作为成长的捷径，完全是合情合理的选择。

另一方面，心理治疗也可能变成不合理的“捷径”，这种情形主要出现在某些父母身上。他们为孩子寻求心理治疗，只是表面上的形式而已。他们希望孩子在某些方面发生变化：不再吸毒、不再乱发脾气、成绩不再下滑，等等。有的父母的确想要帮助孩子成长，他们让孩子来看心理医生是为了更好地解决问题。另一些父母则不然，他们对孩子的问题明显负有责任，但他们只希望心理医生想出神奇的办法，立刻改变孩子的状况。例如，有的父母会说：“我们知道我们的婚姻有问题，这可能是导致孩子出现问题的原因。不过，我们不想让自己的婚姻受到太多干扰，不想要你对我们进行治疗。如果可能的话，我们只希望你治好我们的孩子，让他变得快乐些。”有的人甚至连这样的坦率也没有，他们在孩子接受心理治疗之初，尚且表示愿意尽一切力量与医生配合，可是一旦告诉他们，孩子的心理症状完全是因为父母生活方式不妥导致的，他们的反应就会非常激烈：“什么？想让我们为了他做出改变，而且是彻头彻尾的改变？真是太可笑了！”于是他们就离开诊所，去寻找别的心理医生，而下一个心理医生可能会按照他们的愿望，给他们提供毫无痛苦的“捷径”，同时也毫无实际效果，但却可以让他们能够对朋友和他们自己说：“为了孩子，我们已经尽了所有的努力。我们为他找了四个心理医生，可惜没有任何帮助。”

人们不仅对别人撒谎，也会对自己撒谎。由于对别人撒谎违背自己的良知，会遭到良心的谴责，这会使我们感到痛苦，所以，为了逃避这种痛苦，人们便会对自己撒谎。自欺欺人的谎言各式各样，不可胜数，其中两种最常见也最具破坏性的谎言出现在父母与孩子的关系上：“我们非常爱自己的孩子。”以及“我的爸爸妈妈很爱我。”也许这是事实，即使不是事实，大多数人也不愿承认。在我看来，所谓心理治疗，其实就是“鼓励说真话的游戏”。心理医生最重要的任务，就是让患者说出真话。长时间自欺欺人，使人的愧疚积聚，就会导致心理疾病。在诚实的气氛下，病态的心理才能慢慢恢复。心理医生必须释放心灵，对患者开诚布公。如果治疗者不能体验到患者的痛苦，又有什么资格要求患者承担面对现实的痛苦呢？作为心理医生，只有了解了自身和他人，才能根据自己的经验，为别人提供有效的指导。

隐瞒真相

谎言通常分为两种：白色谎言和黑色谎言。所谓黑色谎言，就是彻头彻尾地撒谎，叙述的情况与现实完全不符，所谓白色谎言，其本身或许能反映事实，却有意隐瞒大部分真相。被冠以“白色谎言”的头衔，不意味着脱离了谎言的实质，并值得原谅。政府利用审查制度使人们无法了解真相，就是一种白色谎言——通过这种白色谎言欺骗民众的政府，并不比直接撒谎的政府更加民主开明。患者隐瞒大量透支银行存款的事实，对于治疗产生的妨碍，和直接撒谎一样严重。隐瞒部分真相，可能让人觉得无关紧要，所以白色谎言是最常见的撒谎方式。另外，由于白色谎言不易察觉，其危害甚至远远超过黑色谎言。

与黑色谎言不同，白色谎言常被认为是善意的谎言，戴着“不想伤害别人感情”的面具，更容易得到社会的宽容和认可。尽管我们抱怨人和人之间缺乏真诚——譬如父母对孩子的许诺就常常是白色谎言——但在许多时候，白色谎言却被认为是爱的体现。有的夫妻彼此尚能坦诚相待，却无法以同样的姿态对待孩子。他们隐瞒大量事实，比如吸食大麻，夫妻不和；因孩子的祖父母专横跋扈而心怀憎恨；经医生诊断，患有严重的心理失调；进行高风险的股票投机；隐瞒银行存款的数额……类似这样隐瞒真相的行为，被看作是为孩子着想，实际上，这样的“保护”没有任何效果。孩子早晚会知道，父母喜欢吸食大麻，经常吵架；他们的祖父母与爸爸妈妈关系不和；妈妈凡事神经过敏；爸爸做股票生意，赔得一塌糊涂。父母的白色谎言不是对孩子的保护，而是对孩子权利的剥夺，让他们无法了解到有关金钱、疾病、毒品、性、婚姻、父母、祖父母及其他方面的真实情形。孩子接触的不是诚实的“角色榜样”，而是掩饰、隐瞒和怯懦。父母以上述方式保护孩子，或许出自对孩子的爱，但方式本身完全是错误的。大部分父母会以“保护”做幌子，来维护家长的权威，避免孩子发出挑战，其潜台词是告诉孩子：“听着，你要乖巧些，不要随便打听大人的事。让我们自己来解决吧，这对我们双方都有好处。”“有些事你最好不要了解，这样你才会有安全感。”“爸爸妈妈的情绪出现异常，你没必要知道原因，这样我们彼此才能相安无事。”

有时候，我们追求绝对诚实的愿望，可能与孩子需要保护这一事实发生矛盾。比如，你和配偶婚姻美满，偶因吵架而冒出离婚的念头，这是很正常的事。假如婚姻果真出现危机，孩子终会察觉，即使不告诉他们，他们也会感受到潜在的威胁。但如果你们某晚吵过一架，第二天就对孩子说：“爸爸妈妈昨晚吵架了，而且想到了离婚。不过你们放心，我们眼下不会那么做。”这也会给孩子增加不必要的负担。心理医生在治疗初期，同样不应该轻易对患者说出结论，因为患者可能并未做好准备。在我的实习期第一年，一位男患者给我讲了他做的一场梦，他的梦境暗示他对可能成为同性恋者而感到焦虑。我为了表现专业水准，也为了使治疗取得进展，就直接告诉他：“你的梦表明你担心自己有同性恋倾向。”他立刻紧张起来，之后的三次接诊，他都没有出现。我花了相当大的努力，还加上一点点运气，才说服他继续治疗。后来进行的20次治疗，给他带来了难以想象的好处——尽管我们以后再未提及同性恋这一话题。他在潜意识里感到焦虑，不意味着他已经自觉做好准备，可以公开地同我探讨个人隐私。我把观察结论告诉他，对于他没有多少好处，甚至是莫大的冒犯。我使他丧失了就诊的勇气，这对医生而言，完全是一种失败。

对于想进入政治和企业高层领域的人而言，有选择地保留个人意见极为重要。凡事直言不讳的人，极易被上司认为是桀骜不驯，甚至被视为“捣乱分子”，是对组织和集体的威胁。要想在组织或集体中发挥更大的作用，就要注重表达意见的时间、场合和方式。换句话说，一个人应该有选择地表达意见和想法。当然，出于忠于事实的考虑，我们渴望直抒胸臆，而不是遮遮掩掩，这就使我们处于两难境地：一方面，我们担心祸从口出；另一方面，我们又不想违背诚实和公正的原则。二者之间几乎没有回旋的余地，我们很难取得理想的平衡，这的确是高难度的挑战。

在日常交往中，我们有时要开诚布公，有时则要抑制倾吐想法和感觉的欲望。那么，怎样做才不致违背忠于事实的自律精神呢？我们应该采取如下原则：首先，永远不要说假话，避免黑色谎言；其次，要牢牢记住，除非是迫不得已，或者出于重大道德因素的考虑，否则，不说出全部真相就等于说谎；第三，不可因个人自私自利的欲望，例如满足权力欲、刻意讨上司的欢心、逃避修订心灵地图的挑战等，而将部分真相隐瞒下来；第四，只有在对对方确有好处的情况下，才能有选择地隐瞒部分真相；第五，尽可能忠实地评估对方的需要。这是一件极为复杂的工作，只有以真爱为出发点，才能做出恰当的评判和选择；第六，评估的要领在于，对方能否借助我们提供的事实获得心灵的成长。最后一点需要铭记在心的是，我们通常会低估而不是高估别人运用事实使心灵获得成长的能力。

上述原则的履行十分艰难，很难做到尽善尽美，像是一个不可能完成的任务。而这个过程是达到自律所必须经历的。很多人惧怕其中的痛苦，宁可选择有限的诚实和开放，这等同于生活在封闭状态中，不敢把自己以及自己的地图呈现给世人。自我封闭尽管表面上容易，却会让我们付出惨痛的代价。以开放的心态和积极的努力，不断修订人生地图，才能使我们的心灵获得成长。这样的人因为从未说过假话，所以他们可以充满自信地告诉世人，自己给这个世界带来的是启迪和澄清，而不是困扰，并以此为荣。最终他们会获得完全的自由，不必苦于每日的东躲西藏。与过于封闭的人相比，开放的人拥有更健康的心理状态，更美好的人际关系。他们开诚布公，不必文过饰非，因此少了很多忧愁和烦恼。他们不需掩饰过去的假象，不必编造更多的谎言来掩盖过去的谎言。一个人越是诚实，保持诚实就越是容易，而谎言说得越多，则越要编造更多的谎言自圆其说。敢于面对事实的人，能够心胸坦荡地生活，不必面临良心的折磨和恐惧的威胁。

保持平衡

到这里，你应该已经明白，自律是一项艰苦而复杂的任务，需要足够的勇气和判断力。你要以追求诚实为己任，也需要隐瞒部分事实和真相。你既要承担责任，也要拒绝不该承担的责任。你既要学会推迟满足感，先苦后甜，把眼光放远，同时又要尽可能过好当前的生活，让人生的快乐多于痛苦。换句话说，自律本身需要把持得当，我称之为“保持平衡”，这也是自律的第四条原则。

保持平衡，意味着确立富有弹性的约束机制。不妨以生气为例。当我们心理或生理上受到侵犯，某个人、某件事令我们伤心和失望时，我们就会生气。要正常地生活，生气是一种必不可少的反击方式。从来不会生气的人，注定终生遭受欺凌和压制，直至被摧毁和消灭。必要时候的生气，可以使我们更好地生存。另一方面，我们受到侵犯，不见得是侵犯者对我们怀有敌意。有时候，即便他们果真有意而为，我们也要适当约束情绪，因为正面冲突只会使处境更加不利。大脑的高级中枢——判断力，必须约束低级中枢——情绪。在这个复杂多变的世界里，要想人生顺遂，我们不但要有生气的能力，还要具备克制脾气的能力。我们要善于以不同的方式，恰当地表达生气的情绪：有时需要委婉，有时需要直接；有时需要心平气和，有时不妨火冒三丈。表达生气，还需要注意时机和场合。我们必须建立一整套灵活的情绪系统，提高自己的“情商”。相当多的人直到青年乃至中年时期，才能掌握如何生气的本领，而有些人一辈子都没有学会如何生气。

不少人都在不同程度上，缺少灵活的情绪反馈系统，心理治疗可以帮助患者不断实践，让情绪反馈系统变得更加灵活。通常，患者的焦虑、内疚和不安全感越是严重，治疗过程就越是艰难，常常要从基础做起。我接待过一位 30 岁的患有精神分裂症的女患者，经过治疗，她意识到在跟她交往的男人中，有的绝不可以进入她的家门；有的可以进入她的客厅，但不能进入她的卧室；有的则可以进入她的卧室。旧的反馈系统使她让所有男人都可以进入她的卧室，而当这种系统似乎没有效果时，她就不再让任何男人进入她的家门。这样一来，她就只能活在痛苦和忧郁中：要么是卑劣的滥交，要么是极度的孤立。她不停地在二者之间寻找平衡，焦头烂额却毫无收获。除此之外，她还通过多次治疗，解决了写感谢信的问题。过去，对于收到的每一份礼物、每一次邀请，她都觉得需要写一封字斟句酌的感谢信，而且要亲手完成。她当然无法承受如此大的负担，最终，她要么一封感谢信都不写，要么拒绝所有的礼物和邀请。经过治疗，她惊奇地发现：对于有些礼物，她不需要写感谢信，即使需要，一封简短的感谢信就足够了。

要让心智成熟，就得在彼此冲突的需要、目标和责任之间保持微妙的平衡，这就要求我们不断自我调整。保持平衡的最高原则就是“放弃”。我永远不会忘记 9 岁那年学到的重要一课。那年夏天，我刚学会骑自行车，整天骑着车到处玩耍。我家附近有一段陡坡，下坡处有个急转弯。一天早晨，我骑着车飞快地向坡下冲去，那种风驰电掣的感觉真是棒极了。假如刹车减速，必然使快感大打折扣，所以我这样盘算：到了下面转弯处，我也绝不减速。结果悲剧很快就发生了——几秒钟过后，我就从车上摔了出去，四仰八叉地躺在树丛里，身上多了好几处刮伤，崭新的自行车也撞到一棵树上，前轮撞变了形——这就是失去平衡的后果。

放弃人生的某些东西，一定会给心灵带来痛苦。9 岁的我贪恋风驰电掣，不肯放弃一时的快感，来换取转弯时的平衡，最终让我体会到：失去平衡远比放弃更为痛苦。我想不管是谁，经过人生旅途的急转弯时，都必须放弃某些快乐，放弃属于自己的某一部分。除非永远停留在原地，中止生命之旅，否则这样的放弃是不可避免的。

相当多的人都没有选择放弃，他们不想经受放弃的痛苦。诚然，放弃可能带来不小的痛苦。这种痛苦的程度取决于所放弃的东西的规模。小规模的放弃——放弃速度、放弃发怒、放弃写演说词式的感谢信，并不会带来太大的痛苦。但放弃固有的人格、根深蒂固的意识形态和行为模式，甚至整个人生理念，其痛苦之大则可想而知。一个人要想有所作为，在人生旅途上不断迈进，有些时候就必须要进行较大规模的放弃。

不久前的一天晚上，我想好好陪陪10岁的女儿。最近几个星期，她一直请求我陪她下棋，所以我一提议同她下棋，她就高兴地答应了。她年纪小，棋却下得不错，我们的水平不相上下。她第二天得去上学，因此下到9点时，她就让我加快速度，因为她要上床睡觉了，她从小就养成了准时就寝的习惯。不过，我觉得她有必要做出一些牺牲，于是我对她说："你干吗这么着急呢？晚点儿睡，没什么大不了的。""你别催我啊，早知道下不完，还不如不下呢！何况我们不是正玩得高兴吗？"我们又坚持下了一刻钟，她越发不安起来。最后，她以哀求的口气说："拜托了爸爸，您还是快点下吧！"我说："不行，下棋可是严肃的事，想下好就不能太着急。如果你不能认真地玩，那以后就别下棋！"她愁眉苦脸地噘起嘴。我们又下了10分钟，她突然哭了起来，说甘愿认输，然后就跑到楼上了。

那一刹那，我又想起9岁时从车上摔到树丛中的情形。我再次犯了一个错误——忘记了下坡转弯时应该减速。我原本想让女儿开心，可一个半钟头之后，她竟然又气又急，甚至大哭起来，一连几天都不想同我说话。问题出在什么地方，答案是明明白白的，我却拒绝正视它。女儿离开后的两个钟头里，我沮丧地在房间里来回踱步，终于承认了这样的事实：我想赢每一盘棋，这种欲望过于强烈，压过了我哄女儿开心的念头，让周末晚上变得一塌糊涂。我为何再次失去了平衡？我为何如此强烈地渴望取胜？我意识到，有时我必须放弃取胜的欲望。这显然违背了我的本性，我渴望成为赢家，这样的心态曾为我赢得了许多东西。做任何事我都想全力以赴，这样才会使我感到安心。我必须改变这种心态了！过于争强好胜，只会使孩子同我日渐疏远。假如不能及时调整，我的女儿还会再流下眼泪，对我产生怨恨，我的心情也会越来越糟。

我做出了改变，沮丧和懊恼跟着消失了。我放弃了下棋必须取胜的欲望。在下棋方面，曾经的我消失了、死掉了——那个家伙必须死掉！是我亲手结束了他的性命，而我的武器就是做个好父亲的追求。在青少年时期，求胜的欲望曾给予我很多帮助，不过如今身为人父，这欲望就成了我前进的障碍，我必须将它清除出局。随着时代的变化，我必须对以前的自己做出调整。

抑郁的价值

对那些有勇气承认自己患有心理疾病的人而言，选择放弃是必须要迈过的一步。密集接受心理治疗的过程就是心智密集成长的过程，所以患者需要在短时间内进行大量的改变，甚至比大多数人一辈子经历的都要多。为了这种爆发式的成长能顺利完成，他们需要在短时间内放弃相当数量的“过去的自我”。如此，才能成就一次成功的心理治疗。这种放弃的过程，其实在患者第一次同心理医生见面之前就已经开始了。一个人接受心理治疗，就意味着他（她）需要放弃“我是正常的”这一自我认识。在我们的文化传统中，这对男人而言可能格外艰难。承认“我不是正常的人，我需要医生的帮助”，了解自己“为什么不是正常的，怎样变得正常”，就等于是承认“我是脆弱的、不成熟的男人”。我在放弃了永远追求取胜的欲望后，一度感到异常消沉和抑郁。放弃某种心爱的事物——至少是自己熟悉的事物，必然会带来痛苦，但这也是心智成熟所必需的。因放弃而感到抑郁，是自然而健康的现象。如果放弃的过程受到干扰，导致抑郁的情绪被延长，或是抑郁的情绪不能在完成放弃后消失，那么抑郁就变得不正常和不健康。

很多人去看心理医生，主要原因就是情绪过于抑郁。也就是说，接受心理治疗前，他们的心灵就开始了放弃或者说成长的过程。因为这一过程难以完成，这种成长的先兆敦促着他们求助于心理医生。心理医生要做的就是帮助他们找到突破口，消除造成问题的障碍，协助他们顺利完成这个已经开始的放弃和成长的过程。有时患者只渴望摆脱抑郁情绪，回到原来的状态，却没有意识到旧的自我已不适应新的状况。他们会抱怨：“我不明白我的情绪为什么如此低落？”他们可能会把抑郁状态归咎于其他不相干的因素。在意识层面上，他们不知道旧的自我需要调整和变更，但在潜意识层面上，他们已经开始了放弃与成长的过程。潜意识总是走在意识之前——对于某些读者而言，这可能难以理解，但这是千真万确的。

人们常常说起的“中年危机”，是人生面临的诸多危机之一。30 年前，心理学家埃里克·艾瑞克森曾列举出人生各阶段的八种危机。只有放弃旧的、过时的观念和习惯，才能渡过危机，顺利进入人生的下一阶段。不少人不敢面对现实，或者无法放弃早已过时的东西，所以无法克服心理和精神的危机，只能止步不前，不能享受到新生带来的欢悦，也不能顺利地进入更加成熟的心智发展阶段。我们不妨按照人生危机发生的时间次序，简单归纳我们在各阶段需要放弃的东西：

无需对外界要求作出回应的婴儿状态

无所不能的幻觉

完全占有（包括性方面）父亲或母亲（或二者）的欲望

童年的依赖感

自己心中被扭曲了的父母形象

青春期的自以为拥有无穷潜力的感觉

无拘无束的自由

青年时期的灵巧与活力

青春的性吸引力

长生不老的空想

对子女的权威

各种各样暂时性的权力

身体永远健康

最后，自我以及生命本身

总体说来，这些就是我们在人生过程中必须放弃的生活环境、个人欲望和处世态度。放弃这些的过程就是心智完美成长的过程。

放弃与新生

前面提到的最后一点，即放弃自我与生命本身，似乎过于残酷。有谁愿意放弃自我和自己的生命呢？但不管你愿不愿意，人总是会死的。所谓“天地不仁，以万物为刍狗”，似乎不管我们怎样努力，人生的意义都终将荡然无存。西方文化强调“人定胜天”，自我价值高于天地，而死亡则是不可接受的，是一种奇耻大辱，难怪有人苦思长生不老之术，却不敢面对无法改变的现实。实际上，人类只有适当放弃自我，才能领略到人生的喜悦。生命的意义存在于“死亡”当中，这个“秘密”是一切宗教的核心。

放弃自我，是一个渐进而漫长的过程，我们需要经历各种各样的痛苦。有一种暂时的放弃自我值得一提，因为这一种放弃是成年生活必须掌握的一种技能，也是促进心智成熟不可或缺的工具。这种技能我称之为“兼容并包”，是“保持平衡”这一原则的一个子类型。“兼容并包”意味着既要肯定自我以保持稳定，又要放弃自我以腾出空间，接纳新的想法和观念，实现自我平衡。对此，神学家萨姆·基恩在《致舞神》一书中，做了恰如其分的描述：

> 我必须超越现有的一切，超越以自我为中心的观念。消除由个人经验产生的成见之后，才会获得成熟的认识。这一过程包括两个步骤：消除熟悉的过去，追求新鲜的未来。面对陌生的人、事、物，我需要让昔日的经验、当前的需求和未来的期待一并出席，共同对我的需求和现实状况进行评估，做出恰当的判断和决定。为了体验新鲜事物的独特性，我必须以包容一切的姿态，说服既有的成见和观念暂时退位，让陌生、新奇的事物进入感官世界。在此过程中，我必须竭尽全力，尽可能呈现出成熟的自我、诚实的姿态和巨大的勇气，不然的话，人生的每一分每一秒，都将是过去经验的一再重复。为了体验所有人、事、物的独特和新鲜之处，我必须让它们进入我的灵魂，并且驻足扎根。我必须完全释放自我，甚至不惜把过去的自我完全打破。

兼容并包的道理在于，你获得的永远比放弃的多。自律的过程，就是自我发展、自我完善的过程。放弃的痛苦是死亡的痛苦，但是旧事物的死亡带来的是新事物的诞生。死亡的痛苦与诞生的痛苦是同一回事。生与死，好比是一枚硬币的两面。要建立新的观念与理论，旧有的观念与理论就必须死去。诗人艾略特在诗作《智者之旅》的末尾，如此描述三位智者皈依基督教，放弃过去信仰的痛苦：

我记得，一切都发生在很久以前
我完全不后悔，义无反顾
——义无反顾
我们一路被带去
是为了诞生？还是为了死亡？不，没有死亡，只有诞生
我见过生与死：我们无须怀疑，我们有充分的证据

它们迥然不同，令人恐惧
如同死亡，新的诞生也带给我们痛苦
我们回到自己的地方，回到灵魂的国土
遵循过去的天道，让我们不再安逸和幸福
外邦人紧紧抓住他们的神，祈求永生
而我乐于再死一次——义无反顾

既然生与死只是一枚硬币的两面，我们也许可以思索人类文化中关于人生轮回的观念。比如，人死后，是否果真有来世？肉体死亡之后，人是否真的能进入一个新的轮回？尽管这些观念对于我们来说始终是一个不解之谜，但是人生确实是一个生死相随的过程。2000多年前，古罗马哲学家塞内加说过："人要不断学习生存，也要不断学习死亡。"在他看来，人活得越久，历经重生的次数就越多，与此同时，他经历死亡的次数也相应较多。换言之，活得越久，就会经历越多的欢乐和越大的痛苦。

那么，我们是否有可能完全避免心灵的痛苦呢？或者说，我们是否能够通过心灵的成长把心灵的痛苦降至最低呢？答案既是肯定的，也是否定的。说它是肯定的，是因为如果能完全接受痛苦，在某种意义上，痛苦就不复存在。同时，我们不断学习自律，可以使心灵承受痛苦和解决问题的能力增强，接近尽善尽美。比如那些在孩子们眼里是天大的难题，到了成年人手上就可能迎刃而解，此时痛苦就不成为痛苦了。更何况心智成熟的人大多具有超出常人的爱，这能使他们感受到更多的快乐、更少的痛苦。

但是，从另一个方面来说，答案也是否定的。心智成熟的人凭借自律、智慧和爱，而具备了非凡的能力。世界需要他们的能力，而他们出于爱也做出自己的回应。他们也许外表很一般，但内心却拥有强大的力量，能做出各种各样正确的决定。要发挥作用，就必须要有做决策的能力。不过，在知道一切的状态下做决策，远比在一知半解的状态下，要经历更多的痛苦。假设两位将军各带 1 万名士兵外出作战，在一位将军眼里，1 万名士兵不过是战争工具而已，而在另一位将军看来，士兵不仅仅是作战的工具，还是一个个独立的生命，是他们各自家庭的一分子。那么面临生死关头，哪位将军更容易做出决策呢？很明显，答案就是前者，因为他不必忍受心智成熟者所历经的痛苦。类似上述情形，也会发生在老板、医生、教师和父母身上。人人都可能碰到机会，做出影响一生的选择，但容易做出决策的人并不一定是最好的决策者。最好的决策者，愿意承受其决定所带来的痛苦，却毫不影响其做出决策的能力。一个人是否杰出和伟大，视其承受痛苦的能力而定，而杰出和伟大本身，则会给人带来快乐和幸福——表面上这是一种悖论，其实不然。佛教徒常常忘记释迦牟尼历经劫难的痛苦，基督教徒也每每忽略耶稣济世的幸福。耶稣在十字架上舍生取义的痛苦，和释迦牟尼在菩提树下涅槃的幸福，本质上并没有不同，都是一枚硬币的两面。

假使人生的目标就是逃避痛苦，那你完全可以得过且过，不必寻求精神和意识的发展。但是不经痛苦和折磨，就无法实现灵魂的超越。即便达到了很高的精神境界，但那时痛苦的强烈程度，可能远远超过你的想象，让你最终无法承受。你或许会问：“既然如此，为什么人们还要追求精神的发展呢？”坦白地说，提出这样的问题，说明你对幸福的本质所知甚少。或许在本书的字里行间，你可以找到答案；或许怎样努力，你都与最终的答案无缘。

爱

第二部分

爱，是为了促进自己和他人心智成熟，

而不断拓展自我界限，

实现自我完善的一种意愿。

The Road Less Traveled

爱的定义

自律能够让我们承受问题带来的痛苦，并最终解决问题；而心灵在承受痛苦和解决问题的过程中，则会不断地成长和成熟。所以，自律是人们心灵进化最重要的手段和工具。那么，我们为什么愿意通过自我约束去承受人生的痛苦呢？因为有一种力量在推动着我们，这种力量就是爱。爱是人们自律的原动力。

爱，是一种极为神秘的现象，我们很难给出确切的定义，也很难触及它的本质。关于爱的研究，是心理学界最艰难的课题之一。要尝试了解爱的本质，我们就需要涉足一个神秘的领域。爱的概念实在太博大、太精深了，无法用言语彻底解释清楚。尽管我相信这一部分内容很有价值，但我也清楚，我笔下的文字不可能完全涵盖爱的真谛。

迄今为止，不曾有谁给“爱”下过真正令人满意的定义，这就足以证明“爱”的神秘了。有人把爱分成许多种：肉体之爱、精神之爱、手足之爱、完美的爱、不完美的爱，等等。在此，我冒昧地给所有爱的种类，下一个相对完整的定义——尽管我深知这样的定义不可能完美无缺。我的定义是：爱，是为了促进自己和他人心智成熟，而不断拓展自我界限，实现自我完善的一种意愿。

在对这个定义展开详细阐述之前，我必须做几点说明：首先，“心智成熟”这个字眼，可能会使人联想到宗教意义上的爱。笃信科学的人往往对此不以为然。但我的定义并非来自宗教思想，而是来自心理治疗的临床经验和多年的自我反省。在心理治疗中，爱的重要性无可比拟，然而大多数患者却并不清楚爱的本质，他们对爱的理解似是而非。有一位年轻的男患者，他胆小怕事，性格拘谨而内向。他对我说：“母亲对我的爱太深了！她因为怕我在外面受到伤害，从上小学第一天开始，就天天开车接送我上下学，直到高中三年级时，她仍不肯让我坐校车上学，这也给她增加了许多负担。经过我苦苦的哀求，她才终于同意让我坐校车。她真的是太爱我了！”为了顺利完成治疗，我必须让他意识到，他母亲的动机，可能与爱没有关系，甚至根本就不是爱。原因有如下几点：

首先，爱与非爱最显著的区别之一，就在于当事人意识和潜意识中的目标是否一致。如果不一致，就不是真正的爱。

其次，爱是一个长期、渐进的过程。爱，意味着心灵的不断成长和心智的不断成熟。爱在帮助别人进步和成长的同时，也会拓展自己的心灵，使自我更加成熟。换言之，我们付出的爱，不仅能让他人的心智成熟，同样也能使自己获益。

第三，真正意义上的爱，既是爱自己，也是爱他人。爱，可以让自己和他人都获得成长。不爱自己的人，绝不可能去爱别人。父母缺少自律，心灵不能成长，就不可能让孩子学会自律，获得心灵成长。我们在推动他人心智成熟之时，自己的心智也不会停滞不前。我们为了他人去努力自律，与为了自己去努力自律一样，这二者之间并没有太大的区别。我们强化自身成长的力量，才能成为他人力量的源泉。我们最终会意识到，爱自己与爱他人，其实是并行不悖的两条轨道，随着时间的推进，两者不但越来越近，其界限最后甚至会模糊不清，乃至完全泯灭。

第四，爱需要付出努力。由于爱是不断扩展自己和他人自我界限的过程，所以，爱意味着我们要不断付出努力，去跨越原来的界限。爱不能停留在口头上，而要付诸行动；爱不能坐享其成，而要真诚付出。我们爱自己或爱某人，就要持续地努力，帮助自己和他人一起获得成长。

最后，爱是一种意愿。我之所以用“意愿”来定义爱，是为了让它与一般的“欲望”有所区别。并不是所有的欲望都能够转化成行动，而只有强大到足以转化成行动的欲望，才能够称为意愿。二者的差别就相当于说：“今晚我想去游泳”和“今晚我要去游泳”。人人都有爱他人的欲望，但很多人只把这种爱停留在想法和口头上。想爱不等于去爱，爱的想法不等于爱的行动。真正的爱是行动，是一种由意愿而产生的行动。爱一个人却没有付诸行动，就等于从未爱过。同时，值得注意的是，我们在付出爱的时候，在为了自己和他人心智成熟而贡献力量的时候，一定是出于自觉自愿的选择，即主动选择去爱，而不是一种被动的强迫。

爱如此神秘，以至于很多接受心理治疗的患者们，对于爱究竟是什么，常常感到迷惑或产生误解。我希望本书能够帮助读者消除对爱的误解，从不必要的痛苦中解脱出来。要了解爱究竟是什么，让我们先来看看爱不是什么。

坠入情网

长期以来，人们对“爱”存在着各种荒谬的认识。最常见的误解，就是把男女恋爱，尤其是把“坠入情网”当成是爱，或者认为它至少是爱的一种表现。坠入情网的人，常常激情洋溢地表白:“我爱他（她）！”但其实，这只是一种主观的欲望而已。首先，坠入情网，通常会产生与性有关的欲望。众所周知，不管我们多么爱自己的孩子，都不可能与他们坠入情网。许多人都有关系密切的同性朋友，但除非有同性恋倾向，否则，决不会与其坠入情网。人们之所以坠入情网，是因为他们在意识和潜意识里有一种性的冲动。其次，坠入情网的“爱”不会持续太久，不管爱的对象是谁，早晚我们都会从情网的羁绊中爬出来。诚然，这不意味着我们不再爱对方，不再爱那个与我们坠入情网的人，但令人头晕目眩的恋情，终归有一天会彻底消失。这就如同美好的蜜月，迟早要归于结束，鲜艳的花朵，势必要枯萎凋零。

要了解恋爱这种现象的本质，我们就必须先来了解心理学上所谓的“自我界限”。不妨以婴儿的成长为例。婴儿出生最初七个月里，还无法分辨自我和外部世界之间的界限。当他挥舞自己的小胳膊小腿的时候，感觉整个世界都跟着他在一起移动；当他感觉饥肠辘辘的时候，以为整个世界都在与他一块儿挨饿；当他看见母亲身体运动的时候，以为自己也跟着母亲在一同运动；甚至当母亲哼唱起摇篮曲的时候，他会以为那是他自己的声音。在新生婴儿的感觉里，在一切移动和固定的事物之间，在他和周围的人群之间，在单个个体和整个世界之间，并没有什么界限和差别。

随着婴儿慢慢成长，认识和经验不断增加，他会逐渐发现自己和世界并不是一回事：他感到饥饿时，母亲未必会立刻过来喂养他；他想玩耍时，母亲未必会愿意跟他一起玩耍。他的意愿和母亲的行为，是截然不同的两回事。在这种情况下，婴儿的自我意识就开始出现了。这种自我意识能否健康发展，通常取决于婴儿同母亲的关系是否融洽。如果失去了母亲的爱，或者母亲患有严重的性格缺陷，那么，婴儿和母亲的关系就会受到干扰，等到婴儿长成儿童直至成年人之后，其自我意识就会出现障碍。

当婴儿意识到他的愿望是他自己的，而不是周围世界的愿望时，他就开始在自己和世界之间做出区分。比如，当他有活动的意愿时，只看到自己的胳膊在晃动，儿童床和天花板并没有随着他一起活动，于是婴儿知道，他的胳膊和他的意愿是紧密相连的，因此胳膊是他的“财产”，而不是别的东西，更不是别人的胳膊。婴儿在出生的第一年会明白一些基本的常识：我们是谁，我们不是谁；我们是什么，我们不是什么。出生一年后，他们就清楚地知道：这是我的胳膊、我的脚、我的头、我的舌头、我的眼睛，甚至我的视角、我的声音、我的想法、我的肚子疼、我的感觉……此时，他们能区分出自己和外在世界更多的不同，能够认识到自己身材的大小、体能的局限性，这样的认知就是所谓的“自我界限”。

自我界限的认识和发展，会持续到青春期乃至成年以后。孩子到了两三岁左右，才能认识到自己的能力有限。在此之前，尽管他知道自己无法让母亲完全按照自己的愿望行事，但他仍然会把自己的愿望和想法，同母亲的行动混为一谈。两三岁大的孩子，往往是家里的“小霸王”，稍不顺心就会大发雷霆，甚至闹得天翻地覆。到了三岁以后，虽然孩子的态度有所收敛，虽然他们对自己能力的局限性有了更深刻的认识，但脑海里还是会幻想着如何随心所欲。这样的心态只有再过几年，在他经受到更多的打击以后，才能够逐渐消失。在此之前，他会幻想自己无所不能。所以，这时，强大的超人和太空飞侠之类的故事，总是最受他们的欢迎。而对于进入青春期的少年而言，超人和飞侠已不再能满足他们的情感需要了。这时的他们更为真切地感受到，自己的身体和能力有着多么大的局限性！他们也隐约意识到，个体只有融入社会才能更好地生存。他们渴望突破自身的局限，却又受到自我界限的限制，这通常使他们产生无助的痛苦。

永远活在自我界限中，只会给人带来孤独。有的人把自我界限当成是一把保护伞，比如那些性格孤僻的人，因其童年生活都很不快乐，甚至遭到过不同程度的伤害，所以对于他们而言，外面的世界充满险恶，孤独和寂寞反倒能够给他们带来安全感。但是，我们中的大部分人还是渴望摆脱孤独，冲出自我界限的牢笼。坠入情网，意味着自我界限的某一部分突然崩溃，使我们的“自我”与别人的“自我”合而为一。我们突然冲出自我界限的牢笼，情感就像决堤的洪流，声势浩大地涌向所爱的人，于是寂寞消失了，代之以难以言喻的狂喜之感：我们跟爱人结合在了一起！

在某种意义上，坠入情网是情感和心灵的一种退化。与心爱的人结合在一起，跟童年时与父母相伴的记忆彼此呼应，让我们仿佛又体验到幼年时无所不能的快感，又感觉到自己强大有力，似乎没有什么能阻止我们实现愿望。我们感觉爱无比强大，能够征服一切，前途无限光明。但我们没有意识到，这样的感觉是虚幻的，常常与现实脱节。这种感觉就像一个两岁大的幼儿，自认为能称霸世界一样不可理喻。

残酷的现实，迟早会击溃两岁孩子的幻想，同样也会击溃我们的爱情之梦。日常的琐事和难题，会使我们产生各种各样的矛盾和冲突：男人渴望性爱，女人却因心情不好而予以拒绝；女人想要看电影，男人却想留在家里看电视；男人想把钱存进银行，女人却想拿来买洗碗机；女人想谈谈自己的工作，男人却想谈谈他的工作。双方都惊讶而痛苦地意识到，自己其实并没有跟对方融为一体，彼此的欲望、爱好和想法都相去甚远，局面好像难以改变，差距好像无法缩短。于是，两人各自的自我界限重新合拢，又恢复成为两个不同的个体。幻觉破灭，就可能面临劳燕分飞的局面。毋容置疑，若想避免这种情形，两人就必须面对现实，学会真正的相知和相爱。

我为什么要用“真正”两个字呢？我想强调的是，坠入情网并不是真正的爱，只不过是爱的一种幻觉而已。情侣只有在脱离情网之后，才能够真正相爱。真爱的基础不是恋爱，甚至没有恋爱的感觉，也无须以之为基础。我在本章开头给爱下了定义，根据定义可以确知，坠入情网算不上真正的爱，原因如下：

坠入情网不是出于主观意愿，不是有计划、有意识的选择。很多时候，不管怀有怎样的期待，没有机遇和缘分，就永远无法体会到恋爱的感觉，爱的情网，也不会为你张开；而有时候，它却有可能成为不速之客，不请自来。你完全可能爱上某个与你毫不相称的人，甚至因此而不愿承认对方身上的缺点，并对他（她）产生深深的依恋。与此同时，另一个各方面都很出色的人，值得你全身心去爱，但你却始终不能跟他/她坠入情网。成年人有时会以理性和原则作为约束，控制自己不顾一切的狂热行为——比如，心理医生可能对患者产生恋情，患者也可能不自觉地把情感寄托在医生身上，但是基于对患者的责任以及自己的身份，医生必须在情感和行为上有所约束，维持自我界限的完整性，不能不负责任地把患者当成恋爱对象。为此，他们甚至要忍受难以想象的痛苦，这是理性和感性较量的必然结果。另外，不管自我约束如何严格，你只能控制恋爱的进程，却无法创造出恋爱的感受。换言之，当恋爱的激情到来时，你可以凭借愿望和意志力来控制恋爱的激情，却不能凭空创造出激情。

坠入情网并不是自我界限的扩展，而是自我界限部分地暂时性地崩溃。扩展自我界限需要付出足够的努力，坠入情网却无须努力。当最初的激情褪去时，自我界限必然恢复原状，留下的只有失落和幻灭，心灵绝不会因此成长。只有真正的爱，才能让自我界限得到扩展，让心灵得到成长和完善，而且不再恢复原状，这是坠入情网无法实现的结果。

坠入情网唯一的作用是消除寂寞，而不是有目的地促进心灵的成长。即使经过婚姻，使这一功用延长，也无助于心智的成熟。一旦坠入情网，我们便会以为自己生活在了幸福的巅峰，以为人生无与伦比，达到了登峰造极的境界。在我们眼中，对方近乎十全十美，虽然有缺点和毛病，那也算不上什么，甚至只会提升其价值，增加对方在我们眼中的魅力。在这种时候，我们会觉得心智成熟与否并不重要，重要的是当前的满足感。我们忘记了一个事实：我们和爱人的心智其实都还不完善，需要更多的滋养。

坠入情网既然不是真正的爱，那么它的本质究竟是什么呢？仅仅是自我界限暂时的崩溃吗？在我看来，它与人的性欲（性的需求和原动力）有关。坠入情网，是人类内在的性需求与外在刺激发生作用时，所产生出的典型的生理和心理反应，其意义在于增加人类的生殖机会，促进物种繁衍和生存。或者说，坠入情网是人类原始基因对于人类理性的征服，使我们心甘情愿地落入婚姻的“陷阱”。倘非原始基因在起作用，不知有多少恋人或者配偶（包括幸福的人和不幸福的人）在步入婚姻殿堂之前，就会因想到婚后要面对的现实，而感到张皇失措，只想落荒而逃了！

浪漫爱情的神话

坠入情网会给我们造成一种幻觉，让我们误以为“爱情是永恒的”，正是这种幻觉让我们心甘情愿地步入了婚姻的陷阱，推动了家庭和婚姻的运转。这种幻觉的起源，多半来自被人们津津乐道的“浪漫爱情的神话”，并可在童话故事中找到渊源：王子和公主享受世人的簇拥和欢呼，幸福地步入婚姻殿堂，一生一世，相亲相爱。浪漫的爱情神话使我们相信，世界上每个青年男子，都有属于他的唯一恋人，每一个青年女子也同样如此，这是上天注定的；除了对方，我们找不到更适合的伴侣了，因此一旦相逢，必定坠入情网。既然我们的相遇是天作之合，就永远都能满足对方的需求，永远幸福地生活在一起。如果我们跟伴侣有了摩擦和冲突，曾经的激情慢慢消失了，那么必然是因为当初的选择出了错——我们可能违背了上天的旨意，错过了最适合我们的人。事实的真相是：我们把初恋时爱的感觉，错当成了永恒的爱。为了追求永恒的爱，为了追逐那种幻觉，我们后悔不迭，要么与对方分道扬镳，要么一辈子生活在悔不当初的痛苦之中。

通常，许多神话都蕴含最朴素最伟大的真理，不过，浪漫的爱情神话除外。从本质上说，浪漫爱情神话是一种可怕的谎言。数不清的人陶醉于神话营造的虚假氛围中，只想成为爱情的奴隶，到头来却发现自己始终生活在自欺欺人的假象中。现实生活与浪漫爱情，往往相差十万八千里。

我的患者中有很多这样的例证：

A太太出于内疚乃至负罪感，对丈夫言听计从。她说："当初和他结婚时，我没有真正爱上他，我只是假装爱他而已。我觉得对不起他，所以尽管他有很多缺点，我想我都应该忍受。我没有权利去抱怨什么，我欠他的太多了。"

B先生则叹息说："当初没有跟C小姐结成伴侣，我后悔莫及，不然我们的婚姻一定幸福。但遗憾的是，我当时没有死心塌地地爱上她，我以为她不是最适合我的人。"

D太太结婚两年，突然莫名其妙地变得忧郁起来，她对我说："我不知道我到底是怎么了，总是提不起精神。可是我的生活中没有缺憾，婚姻也相当美满。"几个月治疗过后，她才不得不面对现实：她和丈夫早已告别恋情，走出了坠入情网的激情阶段，而她还一直以为恋爱时的激情才是一切。

E先生结婚两年后，出现了严重的偏头疼，每天晚上都会发作。他没有想到是他的心理出了问题。他说："我的家庭生活很正常，和新婚时一样，我爱我的妻子，她的表现处处符合我的愿望。"一年之后，他终于承认，其实妻子有很多问题，根本不是当初那个"完美无缺"的人了。"她不断跟我要钱，丝毫不考虑我每个月只有屈指可数的薪水，这让我极为厌恶。"当他终于鼓足勇气，对抗妻子奢侈的本性时，偏头痛就不治而愈了。

F夫妇坦率地承认，他们都没有了当初恋爱时的感觉。但此后，他们不是彼此滋养，增进感情，而是不断寻找各自的"真爱"。当蜜月生活终结时，他们并未走出浪漫神话的迷雾；他们不肯面对现实，仍旧忙于寻找所谓的爱情神话；他们把希望寄托在第三者身上。他们互相欺骗和背叛，原本正常的夫妻生活，很快就被搞得一团糟，到头来只能是鸡飞蛋打。

有趣的是，这样的夫妻在接受治疗时，却总是建立起“夫妻联盟”，彼此呼应。在夫妻共同治疗的过程中，面对对方，夫妻俩往往都不肯讲出实情，而是彼此代为开脱，为对方的缺点辩护。他们试图给别人以这样的印象：“我们的婚姻很完美，只是暂时出了小问题，用不了多久就可以解决。”心理医生不得不提醒参加治疗的大部分夫妻，他们必须放下包袱，勇敢面对现实，不要违心地为对方声援，而应该客观评价对方的问题。很多时候，心理医生还必须同他们单独交流，避免让他们治疗时坐在一起，为对方开脱和辩解。医生必须一再地劝说他们：“约翰，让玛丽代表自己讲话吧！”以及“玛丽，约翰能够替他自己辩解，他有这个能力。”如果他们配合心理医生的安排，治疗就容易出现转机，因为他们可以把伴侣当作独立的个体，让对方独自去面对自己的问题，从而彻底找到问题的症结，使婚姻和家庭迈向成熟。

再谈自我界限

坠入情网虽然只是一种幻觉，但却可以骗过大部分世人，使人神魂颠倒。其中的原因是什么呢？这是因为坠入情网的感觉，跟真正的爱极为相似。

由于真正的爱是一种扩展自我的体验，所以，它与自我界限密切相关。在爱的过程中，我们感觉自己的灵魂无限延伸，奔向心爱的对象。我们渴望给对方滋养，希望对方能够成长。被自我界限之外的对象吸引，促使我们产生冲动，想把激情乃至生命献给对方，心理学家把这种状态称之为“精神贯注”。我们贯注的对象，就是我们所爱的人或事物。倾心于自我界限以外的某个对象，就会使之占据我们的心灵。例如，一个喜爱园艺的人，他会把自己的精力投入到花园之中。为了照顾好花园，他周末早晨也不肯休息，很早就起床去为花园施肥、松土。园艺就是他的一切，为此，他甚至宁愿放弃外出旅行，宁可忽视妻子。他在对园艺全神贯注的过程中，学会了不少东西：他清楚土壤、肥料、根系和嫁接的所有知识。对自己的花园更是了若指掌：知道花园的过去、现在和未来，能够说出每一株花草的特性，熟悉花园的地形和优缺点。与此同时，他部分的人格、经验和智慧，也与园艺这件事融为了一体。他从对园艺的关注和爱中，不仅获得了无穷的满足感，也极大地扩展了他的自我界限。

对于某种事物长期的爱，使我们生活在了精神贯注的境界里，于是，我们的自我界限便开始延伸，延伸到一定程度后，自我界限就会淡化，而这时，我们的心智便获得了成熟。随着爱的进展，自我与世界的区别越来越模糊，最终让我们与世界融为一体。在这种方式下，我们的自我界限延伸得越久，爱得就越深；爱得越深，自我与世界的区别就越淡；我们越认同世界，坠入情网那种自我界限崩溃所产生的狂喜就越容易出现。

但这一次，我们是与所爱的对象真正结合在了一起，它也许并不像坠入情网时那样，拥有狂热的激情，但这种状态更加稳定和持久，也使我们更为满足。心理学家亚伯拉罕·迈斯劳所说的“高原体验”与恋爱的“高峰体验”不是一回事，前者具有的高度，既不容易突然显露出来，也不会一下子消失，你可以长久地停留在上面，不会轻易摔落下来。

性和爱虽然可能同时发生，却不是同一回事。在特定情形下，性跟自我界限的崩溃有着某种关联，它可以让人产生狂喜。性的高潮让自我界限刹那间崩溃，使我们可能变得极度忘情。但狂喜过后，自我界限就会恢复原状，我们也重新恢复了理智，对对方再也提不起精神来，甚至连起码的喜欢也谈不上。在性高潮的刹那间，我们忘了自己是谁，只感觉灵魂出窍，迷离在了时空之中。但这样的感觉只能持续短暂的时间，甚至只有短短一秒钟。

真正的爱带来的喜悦，延续的时间更为长久，可以使我们和宇宙融为一体，我们把这种情形称之为“人性和神性的结合，也就是天人合一”。在神秘主义者看来，宇宙原本浑然一体，我们通常所说的恒星、行星、房屋、树、鸟、自我，都不是独立的个体，而是宇宙的有机组成部分。一般人把眼前的事物都看成是孤立的个体，这只是一种幻觉，印度教徒和佛教徒将此现象称为“空”。和其他神秘主义者一样，这些教徒们相信放弃自我界限，才能认知真正的现实；把自己孤立起来，感觉自己是宇宙中独立的个体，就不可能体验到宇宙的和谐统一。不过，也有一些印度教徒和佛教徒走向了极端，他们认为尚未发展出自我界限的幼儿，比成年人更能感觉到世界的真实状态。有的人甚至认为，回归到幼儿时代，才能体验到真实的统一感。这一论调，对于不愿面对痛苦、不想承担责任的青少年来说，可能具有很大的吸引力。他们会认为："我不必承担得太多。别人的要求我可以置之不理。只要停留在青少年时代，拒绝成长为成年人，就可以享受到超凡入圣的感觉。"遗憾的是，他们非但不能因此成为圣人，反而容易患上精神分裂症。

好在大多数佛教人士都相信，我们必须先拥有或完成某些目标之后，才有资格谈"放弃"。婴儿在还没有形成自我界限之前，也就谈不上自我界限的消失，婴儿也许比父母更接近真实的状态，但没有父母的关心和照顾，他们就无法生存，也无法恰当地表达智慧和见解。只有经过成年人的阶段，经过磨炼和修行，他们才有可能达到至高境界，体验到超凡的感觉。有的人认为，借助生理的性高潮或服用迷幻类药物，也可以达到涅槃之境，但实际上，那种境界绝非涅槃之境。想达到涅槃和永生的境界，获得神性的启发，我们就必须要体验真正的爱，并且要为此付出艰苦的努力。

在这一意义上，恋爱或性却有可能成为真爱的开始，因为恋爱和性爱造成的自我界限的暂时消失，可以使我们对对方做出承诺，而在履行承诺的过程中，真正的爱便可能产生。由于我们提前品尝到了自我界限消失后的滋味——即幻想中神秘的爱的感觉，所以在激情过后，我们仍醉心于那种美好的感觉，这种感觉会成为一个诱因，引发我们去追求真爱。坠入情网本身并不是爱，但它却是爱的神秘架构中最重要的一环。

依赖性

对爱还有一种最常见的误解，就是将依赖当成了爱。心理医生天天都会碰到这类问题。这种情形多出现在因感情失意而极度沮丧的患者身上，他们无法忍受孤独，甚至产生轻生之念，常以自杀相威胁。他们痛苦地说："我不想再活下去了！我没有了丈夫（妻子、男朋友、女朋友），活着还有什么乐趣？我是多么爱他（她）啊！"我不得不告诉他们："你描述的不是爱，而是一种过分的依赖感。确切地说，是一种寄生的心理。没有别人就无法生存，意味着你是个寄生者，而对方是寄主。你们的关系和感情并不是自由的，而是因为需要依赖才结合在一起的。真正的爱是自由的选择。真正相爱的人，不一定非要生活在一起，只是选择生活在一起罢了。"

没有别人的关心和照顾，就认为人生不够完整，以致无法正常生活，这就构成了心理学上的"依赖性"。过分的依赖只能导致病态的人生。当然，我们必须区分病态的依赖和对依赖的正常渴望。人人都有依赖的需求和渴望，都希望有更强大、更有力的人关心自己。不管我们看起来多么强壮，不管我们花多大的心思装出无所谓的样子，但在内心深处，我们都曾渴望过依赖他人。不管年龄大小，不管成熟与否，我们都希望获得别人的关心和照顾。心理健康的人承认这种感觉的合理性，却不会让它控制自己的生活。假如它牢牢控制了我们的言行，控制了我们的一切感受和需要，那么它就不再是单纯的渴望了，而是变成了一种心理问题。因过分依赖而引起的心理失调，心理学家称之为“消极性依赖人格失调”，这是最常见的心理失调症状。

患有这种疾病的人，总是苦思如何获得他人的爱，却没有精力去爱别人，就如同饥肠辘辘的人，只想着向别人讨要食物，却拿不出食物帮助别人一样。他们孤独寂寞，永远无法体验到满足感。尤为可怕的是，他们甚至不知道自己患上了“消极性依赖人格失调症”。他们无法忍受寂寞，也没有自我认知；他们把自己的人生价值全都寄托在同别人的情感关系上。

曾经有位 30 岁的机床工人向我求助，就在三天前，他的妻子带着两个孩子离他而去。他告诉我，此前妻子曾三度威胁要离开他，原因是他不关心家庭，不关心她和孩子。妻子每次发出威胁，他都会苦苦哀求，保证以后一定改正错误——包括改掉酗酒的恶习，但没过多久，他又会旧病复发，再次犯错。最后，妻子终于离他而去。他两天两夜没合眼，终日以泪洗面，觉得人生失去了意义。他痛哭流涕地说：“没有家人，我一刻也活不下去了，我真是太爱他们了！”

“那我就不明白了，”我说，“你不是承认妻子所抱怨的都是事实吗？你不肯为她做任何事，想什么时候回家就什么时候回家，很少考虑她的需要，你可以连续几个月不跟孩子说话，也不同他们玩耍。如此看来，你和家人之间并没有感情。他们离开你，应该对你没有影响才对啊！”

“可是，你没看出来吗，”他说，“没了妻子，也没了孩子，我就不知道自己是谁。虽然我不关心他们，可我是那样爱他们。没有他们，我就什么都不是了呀！”

当时，他的心情沮丧到了极点，乃至失去了理智，我让他两天后再来找我。当然我从未想过，他的心情可能在短时间内有所改观。当我再次见到他时，他居然一脸喜气，他一走进我的办公室，就大声说：“好了，一切都过去了！我的心情好极了！”

我问道：“你的妻子和孩子回来了吗？”

他喜滋滋地说：“没有，他们没有任何消息。不过昨晚到酒吧喝酒，我遇到了一个姑娘，她说她喜欢我。她的情形和我差不多——刚刚和她丈夫分手。我们说好今晚还要见面。我又是个正常人了，我知道自己是谁了，以后也不必再来治疗了。”

他的变化如此之快，就如同变魔术一样——这正是消极性依赖人格失调症患者的典型特征。他们不在乎依赖的对象是谁，只要有人可以依赖，就会心满意足。只要通过与别人的关系，使自己获得某种身份，他们就会感觉舒适，至于那种身份具体是什么，对他们并不重要。他们的情感关系貌似坚固，实则脆弱，因为他们构建情感的目的，只是为填补内心的空虚，为此，甚至达到了来者不拒的地步。

有一位女性患者，既年轻又漂亮，而且聪明过人，从 17 岁到 21 岁期间，她同数不清的男人发生过肉体关系——尽管对方可能在各个方面都无法与她相提并论。她走马灯似的与不同的男人交往，但那些男人大都是生活中的落魄之人，没有多少可取之处。她的空虚感如此强烈，以至于让她没有耐心去等待适合的男人出现，也不愿花时间去了解男人，与对方培养感情。一个男人刚从身边走开，几乎过不了一天时间，她就会跟下一个男人打得火热，毫不在乎对方的性格和人品。她甚至当着我的面，对刚认识的一个男人赞不绝口："我知道他没有正当职业，而且经常酗酒，可是他很有才华，我也觉得他关心我。他就是适合我的男人。"

事实上，她的选择不断遭遇失败，原因不仅是她选择的人本来就有问题，问题还在于，不管和哪个男人交往，她都过分依恋对方，就像爬藤一样把对方越缠越紧。她逼迫对方向她表白感情，与对方寸步不离。她告诉对方："我非常爱你，所以，一刻也离不开你。"她的束缚让男人透不过气来。他们经常争吵，感情也在争吵中结束。可是，就在感情结束的第二天，她又会寻找到一个新的男人，让这种恶性循环再度开始。经过三年的治疗，她的情形才有所好转。她终于开始重视自己的能力，弄懂了强烈的空虚感和真正的爱之间的差别。长期以来，她饱受寂寞与空虚的驱使，一有感情就紧抓不放，她抓得越紧，感情就毁灭得越快。学会了自我约束之后，她及时调整心态，开始从事起有价值的事业，更多地发挥出了自己的特长，最终走出了病态依赖的阴影。

所谓消极性依赖，是指患者只在乎别人能为他们做什么，却从不考虑自己能为对方付出多少。有一次，我接待了 5 位患有消极性依赖人格失调症的患者，为他们进行团体治疗。我让他们说出 5 年后希望达到的目标。几乎人人都表示："我希望找到关心自己的伴侣，并且同他（她）结婚。"没有一个人提到接受挑战性的工作，创造出满意的艺术作品，积极地为社区服务，刻骨铭心地爱上某个人并且生儿育女。他们的白日梦里没有"努力"和"进步"的字眼，只想不费吹灰之力，就得到别人的爱和照顾。我告诉他们："仅仅把得到别人的爱当成最高目标，你就不可能获得成功。想让别人真正爱你，只有让自己成为值得爱的人。满脑子想的只是消极接受别人的爱，就不可能成为值得爱的人。"当然，消极性依赖患者未必永远自私自利，其动机无非是想牢牢抓住某个人，获得对方的关心和照顾。假如无法达到目的，他们就不会为别人（乃至为自己）做任何事情。例如，前面提到的 5 位患者都觉得，让他们马上去找工作，或者离开父母独自生活，或者凭自己的力量购买房子，或者更换眼下不满意的工作，或者重新培养一种爱好和兴趣，都是相当艰难的事情。

在正常的婚姻关系中，夫妻之间应当有所分工：妻子负责下厨做饭、整理房间、出门购物和照顾孩子等；而丈夫则负责外出工作、赚钱养家、修剪草坪和修理家具等。情感健全的配偶，可以适当更换彼此的角色：男人可以偶尔做做饭，陪伴孩子玩耍，打扫房屋等，这些举动对于妻子而言，不啻为一份美好的礼物；同样，妻子也可以在丈夫生日当天，主动代替他去修剪草坪。适当进行角色互换，就像是进行有趣的游戏，可以给生活增添更多的情趣，更可以减少对对方的依赖性。它可以训练我们在没有伴侣支持的情况下，仍然正常生活，而不是突然间失去主张，不知所措。

依赖性过强的人，总是把失去伴侣的支持当成极其恐怖的事。他们丝毫不肯降低对他人的依赖度，也不肯给予对方更多的自由。在消极性依赖的婚姻中，夫妻之间的分工格外严格，丈夫不会做妻子的事，妻子也不会做丈夫的事。离开了妻子，丈夫便无法生活；离开了丈夫，妻子也无所适从。他们彼此都不独立，都需要依赖对方。这种过分依赖的心理，致使婚姻变成了可怕的陷阱。他们所谓的“爱”，只不过是彼此之间过分的依赖，并不存在多少自由和独立的成分。有些依赖性过强的人，婚后甚至可能放弃婚前的本领和技能。比如，有一个女人婚后突然“忘记”了如何开车——这是常见的消极性依赖心理并发症。她不是没有学过开车，而是婚后发生的某次意外事故，使她对开车产生了恐惧，再也不敢坐在方向盘前。对于住在郊区的家庭而言，她的恐惧症，足以把丈夫永远拴在身边，因为没有丈夫，她可能哪儿都去不了。如果丈夫没有认识到妻子患上了心理疾病，就不会考虑寻求心理医生的帮助。我曾告诉一位颇有成就的银行家，他 46 岁的妻子出于恐惧再也不肯驾驶汽车，其中可能牵涉到某种特殊的心理因素。他忙不迭地否认：“不，我们找医生检查过，医生说这是更年期的特殊情形，是没有办法解决的。”经过治疗，我们终于弄清了问题背后的原因——他的妻子知道，如果丈夫每天上下班都接送她和孩子，这意味着他的时间被完全占据，就不可能与别的女人约会，这能使她产生相当大的安全感。银行家也清楚，没有他的帮助，妻子就寸步难行，同样没有机会背叛他，这也使他感到安全。虽然消极性依赖的婚姻可以维持相当长的时间，而且夫妻双方对于婚姻的现状也感觉满意，不会产生过多的危机感，但这样的婚姻并不健全，其中也未必有真正的爱。以牺牲自由而获取安全感，必将付出高昂的代价，这些夫妻在心理上难以健康发展。唯有学会独立，体察彼此真正的需要，才能够组建美满的家庭，使婚姻关系更加持久。

导致消极性依赖的根源是缺乏真正的爱。患者由于在童年时没有得到父母的关心和爱，终日与孤独和空虚为伴，所以，他们就会觉得自己没有资格得到别人的爱。在本书的第一部分曾经提到过，童年时得到父母持续关爱的孩子，成年后就懂得珍惜自己，并坚信自己是值得爱的，是有价值的。他们相信只要坚持真实的自己，就能够得到别人的爱。而在缺少爱的氛围中长大的孩子，成年后内心始终缺乏安全感，在他们心中，世界无情而混乱，别人总是以异样的眼光看待他们。他们对自己的价值感到深深的怀疑，因此，一旦抓住一个人，就像是抓住了一根救命稻草，不顾一切地寻求他人的爱和关注，甚至到了不择手段的地步。他们尽可能维系同别人的情感关系，宁愿牺牲对方的独立和自由，这样一来，更容易使彼此的关系出现障碍。

真正的爱与自我约束相辅相成。父母的生活缺乏自律，就无法给予子女足够的爱；子女没有获得爱，就不会自尊自爱，更不会知道如何给予别人真正的爱。消极性依赖患者的过度依赖倾向，正是人格失调的一种特殊症状。他们不肯推迟满足感，先苦后甜，只贪图暂时的快乐，始终不能面对现实。他们从不考虑他人的需要，即使情感关系行将破裂，仍然我行我素，不肯做出改变。他们不肯为自己的成长负责，还会阻碍最亲近的人的成长。倘若情感出现问题，他们就会归咎他人。他们每每活在失望和沮丧中，但却认为是别人没有尽心尽力。他们容易忘记别人的好处，单单想到其缺点和不足，并为此感到消沉，产生怨恨。我的一位同事说："一味依赖别人，是最糟糕的活法。与其过分依赖别人，那还不如去依赖毒品呢！毕竟，只要后者货源充足，起码会让你在相当长的时间里，生活在如痴如醉的状态之中。把别人当成快乐之源，到头来一定备受打击。"事实也正是如此，不少消极性依赖症患者都是瘾君子，有的喜欢酗酒，有的迷恋吸毒。他们具有某种"容易上瘾的人格"——他们对别人上瘾，从别人身上汲取需要的一切，而且永不餍足。要是遭到别人拒绝，或无法获得好处，他们马上就会转向酒精和毒品，将它们作为情感和精神的替代品。

过于强烈的依赖性，可能使我们强烈地亲近某个人，表面上我们与对方彼此深爱，但实际上却只是依赖对方而已。这种依赖性多来源于童年时期，由于患者的父母缺乏爱的能力，孩子在孤独和冷漠中长大，所以就会产生过度的依赖心理。只想获取却不愿付出，心智就会永远停留在不成熟的状态，这只会对人生构成限制和束缚，给人际关系造成破坏，让别人跟着遭殃，而不是促进别人的心灵成长。

精神贯注

过分依赖的一个重要特征，就是它与心智的成熟完全无关。过分依赖的人只关心自己的滋养，只在乎自己的感受，只想自己过得丰富而充实。他们渴望快乐和享受，不能忍受成长的痛苦、孤独和寂寞。他们既不关心自己心智的成熟，也不关心别人心智的成熟，哪怕是他们依赖的对象。他们只关心别人是否能永远满足他们的需要。然而，值得注意的是，人们常常把过分依赖错当成“爱”，而忽视了心智的成熟和心灵的进化。现在，让我们进一步来区分爱与依赖的本质，以便明确一个事实：不是所有的“精神贯注”都是爱，那些与心智成熟无关，不能给心灵带来任何滋养的“精神贯注”，都不是真正意义上的爱。

爱的对象不仅可以是人，也可以是无生命的事物或者活动，例如“他爱金钱”“他爱权力”“他爱园艺”“他爱打高尔夫球”，等等。一个人每周工作七八十个小时，一心获取金钱或权势，固然也可能有所成就，但金钱的积累、权势的巩固，并不意味着自我能获得真正的拓展和完善。我们有可能如此评价某个白手起家的老板："他其实是个小人，是个目光短浅的吝啬鬼。"无论"他"多么热爱金钱、崇尚权力，都没有人认为他拥有爱心，这种人的终极目标只是财富和权力。爱的唯一目标，乃是促进心智的成熟和人性的进步。

培养某种爱好，是自我滋养的有效手段。要学会自尊自爱，就需要自我滋养。我们需要为自己提供许多与心智有关的养分。我们必须爱惜身体，好好照顾它；我们要拥有充足的食物，给自己提供温暖的住所；我们也需要休息和运动，张弛有度，而不是永远处在繁忙状态。俗话说："圣人也需要睡眠。"合理而健康的爱好，是培养自尊自爱的必要手段。当然，爱好本身并不应该成为自我完善的终极目标，否则就偏离了人生的方向。某种游戏或娱乐项目大受欢迎，在于它们能够取代自我拓展和自我完善的痛苦。以打高尔夫球为例。我们可能会注意到，某些上了年纪的人，把余生的最高目标定位在提高球技上，他们每天想得最多的事情，就是如何以更少的杆数去打完一场球。他们想通过在运动方面的成绩，"抵消"在做人方面没有进步的事实。如果他们懂得自尊自爱，就不会自欺欺人，以低级、肤浅的目标代替自我拓展和自我完善。

从另一方面来说，通过权力和金钱，也未必不能实现爱的目标。有的人投身政治，只是想凭借政治影响力，为人们谋求幸福。有的人努力赚钱，只为供子女上大学，或是用金钱购买更多的自由和时间，这样才有条件去学习和思考，去推动心灵的成长和心智的成熟。对于这些人来说，金钱和权力不是最终目标，人类才是他们爱的对象。

爱是个抽象的字眼，由于爱的含义太过笼统，很容易遭到误解和滥用，从而妨碍了我们接触爱的真谛。我不指望人人都了解爱的本质，但相当多的人显然滥用了“爱”这个字眼。他们习惯于用“爱”来形容关心的事物，却极少去考虑爱的本质，也很难恰当区分智慧和愚蠢、善良与邪恶、高贵与卑贱之间有什么不同，这是危险而可怕的事实。

本章对爱的定义，我们爱的真正对象应该是人。只有人类的心灵，才有成长与进步的能力。如果我们丧失了爱人类的能力，就可能把情感转移到其他事物上，以为这样也可以培养出真正的爱。比如，有的人把全部情感倾注在一条宠物小狗身上，把它当成真正的家庭成员看待，给它吃最好的食物，经常给它梳毛、洗澡；每天亲近它、搂抱它，教它玩各种游戏。小狗突然生病，他们可能放下一切事情，带它去看宠物医生。小狗突然走失或者死亡，全家人悲痛至极，如丧考妣。对那些寂寞而孤单的人而言，宠物就像他们的生命，是人生的一切，在他们看来，这不是爱又是什么呢？但是，人和人之间的关系，并不同于人和宠物的关系。首先，我们和宠物的沟通相当有限，我们不知道它们每天在想什么，却一厢情愿，把自己的想法和感受投射到它们身上，甚至引之为人生知己。实际上，这只是我们的主观愿望罢了。其次，我们喜欢宠物的原因是，它们表现乖巧，任凭摆弄。如果宠物不听话，破坏家具，随意大小便，甚至咬上我们几口，我们就可能把它们赶出家门。要改善宠物的心智，我们只能把它们送到宠物驯养学校。如果我们与某个人相处，局面就完全不同了，我们必然会容许他（她）拥有独立的思维和意志，因为真正的爱的本质之一，就是希望对方拥有独立自主的人格。最后一点是，我们豢养宠物，只是希望它们永远都不要长大，可以乖乖地陪伴我们。我们看重的，是宠物对我们的依赖性。

很多人不懂得如何去爱别人，他们“爱”的只是“宠物”。第二次世界大战期间，有不少美国士兵迎娶了德国、意大利和日本的“战争新娘”。这样的异国婚姻看起来很浪漫，但是男女双方其实都是陌生人，缺少真正的沟通。当新娘学会说英语之后，其婚姻就开始土崩瓦解。她们的军人丈夫再也无法像对待“宠物”那样，把自己的想法、感受和欲望投射到妻子身上。因为妻子学会了英语，表达了心声，丈夫便意识到，他们的观点和见解有着很大的差距，人生的目标也截然不同。当然，也有的人恰恰从这一刻起，才慢慢地培养起感情；不过大多数情况下，这种情形意味着感情的丧失和婚姻的结束。追求自由和独立的女性，无法接受男性唯我独尊，以对待宠物的态度与她们沟通，以呼唤宠物的方式同她们对话。她们感觉男人把她们当成宠物，却不尊重她们作为人的属性。

母亲把孩子永远当成婴儿来对待，同样也是一件可悲的事情。孩子长大成人，不再接受她们病态的溺爱，她们就会遭受重大打击。孩子两岁之前，她们尚可算是理想的母亲，对孩子的照顾也无微不至，但当孩子的自我意志开始成熟，变得任性和不听话，甚至试图摆脱母亲的束缚时，她们的爱便宣告终止。她们不再把精力放在孩子身上，甚至产生怨恨和厌恶。她们可能很想再次怀孕，拥有另一个孩子作为新的宠物。而当新的孩子降生以后，就会开始新一轮恶性循环。她们也可能帮邻居照顾婴儿，却对自己的孩子置之不理。失去母爱的孩子孤独而悲伤，母亲却视若不见，反而把精神“贯注”在别人的孩子身上。在这种情况下，孩子长大成人，就可能患上严重的抑郁症，或形成“消极性依赖人格”。

对婴儿的爱、对宠物的爱，以及对唯命是从的伴侣的爱，多是出自父性或母性的本能，这和坠入情网的情形极为类似，无须付出过多的努力。这样的爱不是主动选择和努力的结果，对于心智成熟也无帮助，所以不是真正意义上的爱。当然，这样的情感有利于建立亲密的人际关系，甚至可以成为真爱的基础，但是，要拥有健全完善的婚姻，要养育健康成熟的子女，要实现整个人类心灵的进步，需要的远远不止于此。

真正的爱的滋养，远比一般意义的抚养复杂得多。引导孩子心灵成长和心智成熟的过程，与出自生物本能的养育过程完全不同。以那个不肯让孩子坐校车的母亲为例，她坚持开车接送孩子，宁可为此牺牲大量时间，当然这不能不说是一种情感滋养的方式，可是这种滋养不但无益，反而会妨碍孩子心智的成熟。类似情形还包括：有的母亲溺爱孩子，到了不加掩饰的程度；有的母亲担心孩子营养不足，恨不能把大量食物硬塞进孩子嘴里；有的父亲花大量金钱，为孩子购买满屋子的玩具或衣服；有的父母对孩子的一切要求，都是有求必应……其实，真正的爱，不是单纯的给予，还包括适当的拒绝、及时的赞美、得体的批评、恰当的争论、必要的鼓励、温柔的安慰和有效的敦促。父母应该成为值得尊敬的领导者与指挥官，告诉孩子该做什么，不该做什么。要进行理性地判断，而不能仅凭直觉，必须认真思考和周密计划，甚至是做出令人痛苦的决定。

“自我牺牲”

在不合理的给予和破坏性的滋养背后，尽管动机多种多样，但都有一个共同的特征：给予者以“爱”作为幌子，只想满足自己的需要，却从不把对方的心智成熟当一回事。有一位牧师，他的妻子患有慢性抑郁症，两个儿子大学辍学，整天无所事事。牧师不得不带着全家人接受心理治疗。家人全都成了患者，牧师的苦恼可想而知，但他却不认为家人的病情与自己有关。他愤愤地说：“我尽一切力量去照顾他们，帮他们解决各种问题。我每天一醒来，就要为他们的事操心，我做得还不够吗？”的确，为了满足妻子和儿子的要求，他可谓殚精竭虑。子女本该学会自立，他却一手包办：替他们买新车，还替他们支付保险费。他和家人住在郊区，尽管他非常讨厌进城，也不喜欢听歌剧，一坐在歌剧院里就会打瞌睡，可是每个周末，他都会陪妻子进城去听歌剧。他的工作负担沉重，然而只要回到家里，就会成为“好丈夫”与“好父亲”。比如，他坚持替妻子和儿子收拾房间，因为他们自己从不打扫卫生。我问这位牧师：“你整天为他们操劳，不觉得辛苦吗？”他说：“当然辛苦，可我还有别的选择吗？我爱他们，不可能不管他们。他们有什么需要，我都尽可能满足他们。我不能让他们失望。也许我这么做不够聪明，可是作为丈夫和父亲，我有理由给他们更多的爱和关怀。”

这位牧师的父亲，当年是一位小有名气的学者，其品性却让人不敢恭维：经常酗酒，还拈花惹草，完全不顾家人的感受。牧师对父亲的恶劣行径深恶痛绝，从小就发誓要做个和父亲截然不同的人，对家人时刻充满爱心。为了巩固心目中的理想形象，他不允许自己有任何不检点、不道德的行为。投身牧师行业，也是基于这种考虑。但是，谁知付出如此多的努力，到头来却使家人变得脆弱无助，这和当初的设想大相径庭，对此，他自然无法理解。过去，他总是叫妻子“我的小猫咪”，叫两个已成年的儿子“我的小宝贝”。他没想到对家人的爱超过理性的范围之后，就会物极必反。他困惑地说：“即便我对家人的爱，是来源于对父亲的蔑视和反抗，那又有什么不对的呢？难道我要像他那样不负责任吗？”他应该认识到，爱是一种极为复杂的行为，不仅需要用心，更需要用脑。他坚决避免成为父亲那样的人，这种意念以及由此导致的极端行为，使他丧失了爱的弹性。过分的爱还不如不爱，该拒绝时却一味给予，不是仁慈，而是伤害。越俎代庖地去照顾原本有能力照顾自己的人，只会使对方产生更大的依赖性，这就是对爱的滥用。他应该意识到，要让家人获得健康，就必须容许他们自尊自爱，学会自我照顾。他需要摆正角色，不能对家人唯命是从，要适当表达自己的愤怒、不满和期望，这对于家人的健康有好处。我说过，爱绝不是无原则地接受，也包括必要的冲突、果断的拒绝和严厉的批评。

在我的指导下，牧师不再亦步亦趋，替妻子和儿子收拾家务、打扫卫生。儿子对日常杂务袖手旁观时，他会大发脾气。他不再替他们支付汽车保险费，而是让他们自行负担。有时候，他不再陪妻子到城里去看歌剧，而是让她独自驾车前往。他在某种程度上扮演起“坏丈夫”“坏父亲”的角色，而不是有求必应。他昔日的行为，固然以自我满足为出发点，但他从未失去爱的能力，这也是他自我改变的原动力。对于他的变化，妻子和儿子起初大为不满，但不久后情况就有了变化：一个儿子回到大学就读，另一个儿子找到了工作，还在外面独自租了公寓。妻子也感受到独立的好处，心灵由此获得了成长。牧师本人则大大提高了工作效率，感受到了人生真正的快乐。

这位牧师不恰当的爱，曾接近受虐狂的边缘。常人大多把虐待狂和受虐狂与纯粹的性行为联系在一起，认为他们通过自己或对方身体上的痛苦而获得性的快感。在精神病理学上，纯粹的性虐待和被虐待现象极为罕见，更多的是社会性虐待狂和受虐狂，其危害性也更为严重。患者在与性无关的人际交往中，总想不停地去伤害对方，或被对方所伤害。

有一个女人被丈夫遗弃后，不得不向心理医生求助。她哭诉丈夫虐待成性，从不关心她，并列举了他的种种罪行：丈夫在外面有一堆女人；还会把买食物的钱统统在赌场输光；常常喝得酩酊大醉，深更半夜才回家；回家后不是咒骂她，就是毒打她；就在圣诞节前夕，他还置妻子和孩子不顾，独自离家外出。对这位女士的遭遇，心理医生深表同情，但是，经过进一步了解，医生的同情心便被强烈的不解所替代了：这位女士经受虐待长达 20 年，跟丈夫两度离婚又两度复婚，中间经过无数次分手与和好。医生用了两个月时间，帮助她摆脱被丈夫遗弃的痛苦。但有一天早晨，她一走进医生办公室，就兴高采烈地宣布："我的丈夫回来了！昨晚他打电话给我，说是要见见我。我们一见面，他就哀求我允许他回家。我看到他想悔改，而且就像变了一个人似的，所以就允许他回来了。"医生提醒她，这种情形过去也发生过许多次，难道她要让悲剧一再上演吗？更何况在这段时间里，她不是也过得很好吗？患者却回答说："可是我爱他呀！有谁能拒绝爱呢？"当心理医生想同她进一步讨论，什么是"真正的爱"时，她却大为光火，甚至决定中断治疗。

这究竟是怎么回事呢？医生努力回忆治疗的所有细节。他想起患者在描述多年来遭受丈夫虐待的情况时，似乎从虐待中享受到了某种快感。医生不禁想到：这个女人无怨无悔地忍受虐待，甚至心甘情愿，极有可能是她本来就喜欢这种情形。这样做是基于什么动机呢？她乐于忍受虐待，是否因为她一生都在追求某种道德的优越感呢？当离家出走的丈夫回过头，请求她的原谅时，她便由被虐待者转变成虐待者，享受到了虐待的快感。丈夫的乞怜让她备感优越，她感受的是报复的愉悦。通常，这样的女性在童年时就遭受过屈辱，为了使痛苦得到补偿，她们就会自认为在道德上高人一等。这样一来，她们便会从他人的愧疚和道歉中享受报复的快感。她们遭受的耻辱与虐待越多，自感优越的心态就越强烈，也由此得到更多的情感“滋养”。她们不愿受到善待，因为那样就失去了报复的前提。为了使报复的动机更为合理，她们必须体验遭受伤害的感觉，使特殊的心理需求得以延续。受虐狂把忍受虐待视为真正的爱，然而她们寻求报复快感的前提和忍受虐待的动机，是来自恨而不是爱。

受虐狂还有一种错误观念：他们一厢情愿，把自我牺牲当成是真正的爱。其实，他们的潜意识蕴藏着更多的是恨，并渴望得到发泄和补偿。我们前面提到的那位牧师，愿意为家人牺牲一切，认为自己的动机完全是为家人着想，但他的真正目的却是为了维系美好的自我形象，而确立这一目的的动机正是出于对自己父亲的恨，而不是爱。

很多时候，我们自称为别人着想，可能只是为了逃避责任，满足自己的愿望：我们所做的一切都是出自个人的意愿，核心动机是满足自我的需求；不管为别人做什么事，真正的原因都是为了自己。有的父母会这样告诉孩子：“你应该感激我们为你所做的一切。”可以肯定地说，这样的父母对孩子缺少真正的爱。其实，我们真心去爱某个人，是因为我们自己需要去爱别人；我们生儿育女，是因我们自己想要孩子；我们爱自己的孩子，是因为我们渴望自己成为充满爱心的父母。真正的爱能够使人发生改变，在本质上是一种自我扩展，而非纯粹的自我牺牲。所以，爱在某种意义上是自私的，最终追求的是自我完善。区别爱与非爱的关键不是自私或是无私，而是行为的目的。真爱的目的永远都是促进心智的成熟，出于其他目的的“爱”都不是真爱。

爱，不是感觉

爱是实际行动，是真正的付出。不少人声称自己富有爱心，充其量只是渴望爱的感觉，他们所做的事情并没有爱的成分，甚至还具有破坏性。真正有爱心的人，即使面对他不喜欢（甚至讨厌）的人，也能表现出爱的姿态，他们心中蕴藏的爱，才是真正的而非虚假的爱。

爱的感觉与精神贯注密不可分。后者是把情感与兴趣“贯注”到外在对象上，将其当成属于自己的一部分。精神贯注和真正的爱虽然容易混淆，但仍有显著区别。

首先，精神贯注的对象，不一定是有生命的事物，因此就不见得具有心灵的感受。这对象可能是股票，也可能是珠宝，贯注的过程不见得以爱为出发点。其次，对某种事物产生精神贯注的人，未必会重视其心智的成熟。患有消极性依赖症的人，甚至害怕贯注的对象成长进步。那个开车接送孩子的母亲，显然是以孩子为精神贯注的对象。她把个人情感寄托在孩子身上，却不重视其心智的成熟。第三，精神贯注可能与智慧和责任无关。在酒吧里初识的两个异性，可能在短时间内相互贯注。他们事前没有安排约会，没有做出过承诺，没有考虑过各自家庭的稳定性（这些显然要比性接触更重要），仅仅是追求性的暂时满足。最后一点是，精神贯注随时都有可能消失。性接触和性行为结束后，双方兴味索然，就会觉得对方毫无吸引力。换句话说，精神贯注的生命力极短，不可能长久维持。

真正的爱，需要投入和奉献，需要付出全部的智慧和力量。要使爱的对象得到成长，就必须付出足够多的努力，不然爱的愿望就会落空。唯有真正的投入和奉献，才是实现爱的有效方式。患者跟医生建立"治疗同盟"，才能让人格得到健康成长。患者寻求心理治疗，是为了实现某种改变。他们必须信任医生，以求获得足够的力量和安全感。医生为了与患者建立"治疗同盟"，也必须投入大量时间和精力，给予患者无微不至的关怀。医生未必有足够的耐心去长时间聆听患者的倾诉，但其职业性的奉献精神，却要求他们不论喜欢与否，都必须对患者的倾诉洗耳恭听。这种情形和婚姻极为类似：健康的婚姻和健康的治疗过程一样，双方都得做出适当的牺牲，把个人好恶暂且放在一旁，给予对方更多的关怀和照顾。只有当伴侣双方的求偶本能结束，走出初恋的幻觉，并愿意各自独处一段时间时，他们的爱才开始接受真正的检验。

在心理治疗以及婚姻关系中，拥有健康情感的人，同样可能产生精神贯注。两个彼此真爱的人，即便有了稳定的婚姻关系，仍会彼此发生精神贯注，但其间更多的却是爱。精神贯注或坠入情网的感觉，会使爱具有更多的激情，带来更大的幸福感，但却不是爱所必需的。真正有爱的人，不可能单凭爱的感觉行事。真正的爱来自双方心灵的意愿，而不是一时冲动。真正的爱是自主的选择，无论爱的感觉是否存在，都要奉献出情感和智慧。时刻都有爱的感觉，诚然是一件好事，但爱能否持久，取决于我们是否有爱的意愿，是否有奉献精神。例如，我可能会遇见一个心仪的女人，我很想去爱她，但这么做就会毁掉我的婚姻，危及我的家庭，所以我会抑止这一想法，我会这样说："我很想去爱你，可我不会这么做，因为我对妻子和家庭做过承诺。"同样，工作日程安排得满满当当，我就不可能随便接收新患者，因为我对其他患者做过承诺，而且我的精力毕竟有限。爱的感觉也许是无限的，爱的火苗随时有可能在心头燃起，但是我们能够付出的爱是有限的，不能随意选择爱的对象。真正的爱不是忘乎所以，而是深思熟虑，是奉献全部身心的重大决定。

把真正的爱与爱的感觉混为一谈，只能是自欺欺人。一个整天酗酒、不管妻儿的人，可能会眼含热泪对酒吧侍者倾诉："我爱我的家人。"对子女置之不理的人，也可能以最具爱心的父母自居。这种虚假姿态其实不难理解：把"爱"挂在口头上，或只在脑海里去想象真正的爱，并以此作为爱的证据，这显然是轻而易举的事情，而表现出爱的行动却相当困难。真正的爱，其价值在于始终如一的行动，这远远大于转瞬即逝的感觉或者精神贯注。真正的爱出自自我意愿，只能依靠实际行动来证明。"爱"与"非爱"的区别，正如善与恶的区别一样，有着客观的标准。爱是行动，不是空想。

关注的艺术

我们已经讨论了许多被误认为是爱的东西，接下来，就该讨论爱究竟是什么了。

我们知道，拓展自我界限和实现自我完善是爱的目的，所以，爱需要不断的努力。拓展自我界限就如同走路一样，每多走一步或多走一里，都可以逐步对抗与生俱来的惰性，抵御因恐惧而产生的排斥心理。拓展自我界限，意味着摆脱惰性，直面内心的恐惧。而爱则可以给我们勇气，使我们敢于迈向未知的领域，敢于拓展自己和他人的心理界限。因此，爱也可以说是勇气的一种表现形式。换句话说，爱是为了努力促进自己和他人心智成熟，而表现出来的一种勇气。当然，为了爱之外的其他事物和目标也可以产生勇气，并付出努力，这是我们经常都会有的情形。因此，并不是所有的努力和勇气都是爱。不过，真正的爱一定需要努力和勇气，不然就不可能是真正的爱，这一点毋庸置疑。

爱，最重要的体现形式，就是关注。我们爱某个人，一定会关注对方，细心照料对方，进而帮助对方成长。我们必须把成见放到一边，调整心理状态，满足对方的需要。我们对对方的关注，一定是一种发自内心的行为，这种行为不仅能促进对方心智成熟，还可以对抗自己内心的懒惰，让我们付出努力。著名心理学家罗洛梅说过："如果用现代心理分析工具去分析每个人爱的意愿，我们就会发现，爱的意愿的本质，其实是一种关注。为了完成意愿所需要的努力，就是对关注的努力，也就是努力去关注。我们要让头脑清醒，让心智健全，这是体现关注的最基本要素。"

体现关注最常见、最重要的方式，就是努力倾听。我们大部分时间都在听别人说话，可多数人却不懂得如何倾听。一位企业心理咨询家告诉我：学校教育学生学习各类科目耗费的时间，与学生长大后运用这些知识的机会，可能恰恰成反比。例如，一位出色的企业管理人员，每天大约用一个小时阅读，两个小时谈话，八个小时倾听。但在学校里，大部分时间都用来教孩子阅读，教他们说话的时间却少得可怜，而且几乎根本不会教孩子如何去倾听。当然，我不认为学校应该按照成年后使用机会的比率来安排课程，但我相信，教孩子学会倾听是明智之举。即使取得的成效有限，起码也应该使孩子明白，倾听不是容易的事，因此更应认真对待，不能敷衍了事。倾听是对他人表达关注的具体表现。大部分人不懂得倾听，是没有意识到倾听的重要性，或者不愿意为此付出努力。

不久前，我有幸聆听过一位知名人士的演讲，题目是讨论宗教与心理学之间的关系。我对这一题目颇感兴趣，而且早有涉猎和思考。那位演讲者开口不久，我就意识到他绝非等闲之辈，他是具有真知灼见的业界专家。他在演讲中，提供了大量具体、生动的事例，显然是想把诸多抽象的概念，清晰地传达给场下听众，我也听得格外用心。他演讲了大约一个半钟头，礼堂里温度很低，我却听得满头大汗。由于太过认真和专注，竟然感到颈部僵硬，头也隐隐作痛。他演讲的内容丰富而深刻，我估计自己能吸收的顶多不到一半，但已是受益匪浅了。演讲结束后，听众们都去参加茶会，我在茶会会场的文化人士之间走来走去，倾听他们的感受和意见。我发现多数人都对演讲感到失望，他们慕名而来，却感觉毫无收获。他们不理解演讲的大部分内容，认为演讲者不是他们希望的那种一流的演说家。一位女士甚至说："他到底讲了什么？他没说出什么有价值的内容啊！"旁边的人也纷纷点头，对她的话表示同意。

我无法赞同他们的看法。我能理解演讲的绝大部分内容，主要原因在于：首先，演讲者是一位杰出的学者，我相信他掌握的知识富有价值，所以从头到尾都在认真倾听。其次，我对他的演讲题目很感兴趣，希望通过倾听来提高我的认识。我认真倾听演讲，就是爱的付出，爱的行动。我愿意思考演讲的一字一句，认可他为演讲而做的努力，我也愿意为自己心智的成熟付出努力。至少在我这里，他的付出得到了回报。我热衷于聆听他的演讲，是因为我想有所收获。与此同时，演讲者能感觉到听众的关注、理解与爱，这对于他也是一种回报。爱的接受者要懂得给予，给予者也要懂得接受，它其实是一种“双向车道”，一种典型的互惠行为。

但在大部分的倾听中，我们扮演的角色都不是接受者，而是给予者，尤其是在倾听孩子说话的时候。根据孩子年龄的不同，倾听的方式也应有所不同。一个上小学一年级的6岁孩子，说起话来可能没完没了，对于这种情形，父母如何处理呢？最简单的方式是直接让孩子闭嘴。在有的家庭里，父母甚至做出规定，绝不允许孩子说个没完。第二种方式是不管孩子说什么，大人都不予理睬，在这种情况下，孩子只能自言自语，他们跟大人之间丝毫没有互动和交流。第三种方式是假装倾听，实际上仍在忙自己的工作，想着自己的心事，偶尔说一声“嗯、啊”或者“好极了”，以此应付孩子。第四种方式是有选择地倾听，孩子说到某些似乎重要的事情时，家长才会竖起耳朵，集中一下注意力，试图以最少的精力获取最多的信息。当然，大多数父母未必受过专门训练，可能不具有良好的选择能力，所以通常会遗漏许多重要信息。最后一种方式则是认真地倾听孩子的每一句话，尽可能去理解它们的含义。

在以上五种倾听方式中，父母需要付出的时间和精力，可以说一种比一种多。你或许以为我会推荐最后一种方式，因为它能体现父母对孩子最多的爱和关注。然而，事实并不是这样。首先，6 岁大的孩子很爱讲话，如果聆听他们的每一句话，父母就没有时间做好其他事情了。其次，努力倾听并认真分析孩子的一切话语，这将使父母感觉精疲力竭。最后，6 岁的孩子说的话，大多单调而乏味，整天倾听，只会让你感觉无趣而厌烦。最好综合以上五种方式，有选择地权衡运用。有时候，让孩子直接闭嘴很有必要，尤其是在他们喋喋不休的时候。他们连珠炮似的说个不停，只会让你分心，无法专心做好别的事。你和别人讲话的时候，孩子也可能故意插嘴，表示他们对外人的敌意，或故意引起你的注意。在大多数情况下，6 岁大的孩子并没有明确的意图，常常只是为说话而说话，不一定需要你的倾听。这种时候，他们即便自言自语，也能够感受到其中的乐趣。不过有时候，孩子也渴望与父母亲近，需要父母听他们讲话。在这种情况下，孩子需要的不是言语交流，而是和父母间的亲密感，因此只要假装倾听就足够了。其实孩子也能够意识到，父母有时是在有选择地倾听，但这种“倾听原则”同样能使他们感到满足。6 岁大的孩子，已经可以接受这种倾听规则，而且在他们大量的话语中，只有少部分需要父母的关注和反应。父母最为关键的任务之一，就是在听与不听之间，做出恰当的选择，找到最佳平衡点，尽可能满足孩子的需求。

这种平衡点很难把握。倾听孩子讲话的时间本就有限，许多父母在这有限的时间里也不肯用心倾听。他们可能认为，假装倾听或有选择地倾听，已经是真正的倾听了。其实，这是在自我欺骗，目的是为了掩盖他们自己的懒惰。真正的倾听，不论时间多么短暂，都需要付出相当大的努力。首先，它需要倾听者做到全神贯注。你不可能一边倾听别人说话，一边去忙活别的事情。父母应该把别的事放到一边，真正全心关注孩子说的内容。不愿把别的事放到一边，就意味着你不愿真正倾听。其次，把注意力放到 6 岁孩子的讲话上，需要的努力甚至多于倾听一次演说。6 岁孩子的话语通常是不规律的，有时语言像泉水那样汩汩涌出，有时中间有大量的停顿和重复，使你很难集中注意力。另外，孩子所说的事情，难以让成年人持久地感兴趣，他们不像出色的演说家那样能使观众聚精会神，认真聆听他们的演说。换句话说，倾听 6 岁的孩子讲话，通常是相当艰难的，如果你能够做到，就证明你表现出了真正的爱的行动。因为没有爱，父母就难以产生倾听的动力。

也许，你为此感到费解，为什么要把所有的精力，用在倾听 6 岁孩子单调、枯燥、喋喋不休的话语上呢？首先，愿意这样做，证明你能够给孩子足够的尊重，就像尊重一流的演说家那样。孩子感受到你的尊重和爱，就会感受到自己的价值。充分地尊重孩子，才能让他们懂得自尊自爱。其次，孩子感受到的尊重越多，他们有价值的表达也就越多。第三，对孩子倾听得越多，就越是能够意识到，在无数的停顿、重复、结巴乃至唠叨当中，孩子的确能说出有价值的东西。真正倾听孩子讲话的人都会承认：从孩子的嘴里，往往能说出最伟大的智慧。你会意识到，你的孩子极可能是个独特而出色的人。意识到孩子的特别之处，就会更加愿意倾听他们的话语，对他们的了解也就更多。第四，对孩子了解得越多，就越是愿意教给他们更多的东西。你对孩子的了解少得可怜，那么你教给他们的东西，不是他们没兴趣的，就是他们早已知道的，甚至比你的理解还要深入。最后一点，孩子感受到你的尊重，他们就会觉得，你把他们看成是出色的人。这样一来，他们也就更加愿意听你的话，并给予你同样的尊重。如果你了解孩子，教育得当，孩子就渴望从你那里学到更多。他们学到得愈多，就愈有可能成为出色的人。父母和孩子都可以从爱的互惠中，感受到成长和进步的力量。价值创造价值，爱诞生爱，父母与孩子在爱的默契配合中，就像是跳起双人芭蕾舞，在舞台上共同旋转，动作流畅而敏捷。

上面针对的是 6 岁的孩子。随着孩子年龄的变化，听与不听的平衡点也会改变，但总的原则没有什么变化，不论年龄多大，孩子都需要父母的关注和倾听。尽管父母与年幼孩子的沟通，更多的是通过非言语的形式，但仍需要给予孩子全部的注意力。你不可能一边想别的事情，一边和孩子玩“拍手游戏”。玩游戏时三心二意，你就有可能培养出做事三心二意的孩子。孩子到了青春期，需要父母倾听的总体时间，显然要少于 6 岁时期——他们讲话的目的性更明确，不像幼儿时期那样随意。

不过一旦他们开口讲话，就需要父母更多的关注。

子女需要倾听，这一点永远不会过时。有一位30岁的专业人士，因过度缺乏自信而患上了忧郁症。他清晰地记得，同样是专业人士的父母，几乎从不听他讲话，偶尔勉强聆听，也每每抱怨他婆婆妈妈、说话啰唆。22岁时的一件事令他伤透了心。当时他写了一篇毕业论文，论述当时广受关注的一个重要话题。他的论文取得了优异的成绩，对他期望很高的父母，也为他的优异表现感到骄傲。遗憾的是，尽管他把论文影印本放在家里，而且是位置最明显的客厅，但整整一年时间，父母都视而不见。他再三暗示父母：有时间的话可以去读一读，但他们根本未曾翻过一次。"要是我主动开口，要求他们阅读我的论文，他们一定不会拒绝。"在治疗即将结束时，他说，"只要我鼓起勇气说：'拜托，你们读读我的论文好吗？我希望你们了解我写的东西，评价一下我的想法。'他们一定会答应的。可是，那样做，无疑是哀求他们听我说话。我都22岁了，还主动要求他们关注我，这让我无法接受。靠哀求才能如愿，对我来说还有什么意义呢？"

真正的倾听，意味着把注意力放在他人身上，这是爱的具体表现形式。此时，倾听者需要暂时把个人想法和欲望放在一旁，努力去体会说话人的内心世界和感受。这样一来，听者与说者便通过语言结合在了一起，实际上，这一过程本身就是彼此自我界限的一种拓展。倾听者把注意力放在对方的话语上，完全接纳了对方，那么，说话者就会在被完全接纳的气氛下，变得更加坦诚和开放，更愿意把心灵全部敞开，而不是有所保留和隐藏。这样的倾听能增进双方的理解和信任，达到心心相印的境界。所以，用心倾听是一种耗费精力的过程，必须以爱为出发点，只有基于共同成长、自我拓展和自我完善的意愿，才能够达到倾听的目的。但是，很多人却缺乏用心倾听的能力，不管是在商务活动还是在社交生活中，他们都不会长时间倾听他人讲话，而是采取有选择地倾听，他们的头脑早已被别的事情所占据，一边假装倾听，一边想着怎样使谈话尽早结束，怎样尽快达到目的。他们也常常转移话题，灵活地把谈话主旨加以调整，以便让自己感到满意。

用心倾听是爱的体现，而婚姻是体现这种爱的最佳场所。遗憾的是，很多配偶却不懂得倾听。一些婚姻出现障碍的夫妻来寻求心理治疗时，心理医生最重要的任务之一，就是教他们学会倾听。要学会倾听，夫妻双方都必须对各自的不良习惯加以约束，都需要付出更多的精力。正是因为倾听十分艰难，许多夫妻的治疗才常常遭遇失败。当患者听到医生提出要求，让他们特地安排时间倾心交谈时，他们通常都感到这难以理解。他们觉得这样太过正经，缺少浪漫。事实上，除非专门为倾听安排时间，并选择适合的场合和地点，否则治疗就难以顺利进行。可以想象，假如夫妻一方正在驾驶汽车，准备饭菜，或是下班后感觉疲倦，双方就难以深入交谈。他们彼此的倾听，不是敷衍了事，就是草草结束。如果接受心理医生的安排，完成一两次像样的倾听，他们会更多地理解和关心对方，夫妻一方甚至可能激动地对另一方说:“我们结婚29年了，但似乎直到今天，我才真正了解你。”这时我们就可以相信，他们的婚姻正在出现转机。

我们可以通过练习，让自己变得更加善于倾听，但无论多么熟练，倾听都不会是一件容易的事情，所以，我们必须集中精神，付出努力。心理医生治疗患者时，首先要学会用心倾听。我自己在治疗中有时也会走神，忽略患者说的话，这时我就会带着歉意说:“对不起，我刚才有点儿分心，没有集中精神听你说话。你能否把刚才那句话再重复一遍？”患者极少因此而抱怨，他们知道，我能意识到自己漏听了某些内容，证明我一直在用心倾听。我承认自己分心，等于是向他们做出保证：大部分时间，我都在倾听他们所说的每一句话。让患者体验到被人倾听的感觉，这本身就是一种有效的治疗。根据我的经验，在心理治疗的最初几个月，大约有四分之一的患者，包括大人与孩子，即便还未接受真正的治疗，病情都会有明显的改善。这主要是因为这些患者多年来都没有体验过被人倾听的感受。不夸张地说，有些患者甚至是有生以来第一次得到别人聚精会神的倾听。

倾听是表达关注最主要的形式之一，而其他形式的关注同样重要，尤其是对于孩子而言。比如，和孩子一起玩游戏，就会产生良好的教育效果。对于幼小的孩子，家长可以同他们玩拍手游戏。对于6岁的孩子，家长可以同他们一起变魔术或是钓鱼。对于12岁的孩子，家长可以和他们打羽毛球。给孩子读书，指导他们做功课，都是表达关怀的形式。也可以进行其他家庭娱乐活动，比如看电影、外出野餐、开车兜风、出门旅行、观赏球赛等。有的关注形式完全是为了孩子着想，比如坐在沙滩上专心照看 4 岁大的孩子，或是不厌其烦地给孩子当司机。各种关注（包括用心倾听）都有一个共同特征：必须在孩子身上花足够多的时间。对于孩子而言，父母的关注意味着陪伴和注意力的付出，注意力越多，关注的质量就越高。父母与孩子相处得越久，给予的关注越多，就越能了解孩子的真实状况：孩子如何面对挫折和失败，如何对待家庭作业，如何读书和学习；他们喜欢什么，不喜欢什么；他们什么时候勇敢，什么时候害怕……这些都是不可或缺的信息。经常和孩子共同活动，父母可以教给孩子更多的生活技巧，帮助他们培养自尊自爱的品质。在活动中随时观察和教诲，有助于孩子身心的健康成长。经验丰富的心理学家，也会以做游戏的方式同儿童患者沟通，同时予以观察和诊断，使治疗取得更好的效果。

把注意力放在海滩上 4 岁孩子的身上，认真倾听 6 岁孩子讲的不连贯的、漫长的故事，教青春期的孩子学习驾车，以及聆听伴侣叙述办公室的一天，或是她在洗衣房的遭遇，认真体会对方的问题和感受——所有这些做法都需要持久的耐心，需要排除杂念。这一切可能枯燥乏味，让你感到不自在，甚至要花很大的精力，但有一点是肯定的——这意味着真正的爱。懒惰的人根本无法好好完成这一任务。如果我们不那么懒惰，就会做得越来越好，越来越习惯。爱是一种特殊的“任务”，“非爱”的本质则是懒惰。懒惰这一主题也很重要，在本书后面的章节，我将对此进行专门讨论，以便形成更加清晰的认识。

失落的风险

前面已经说过，爱需要用行动来体现，需要与懒惰对抗，与恐惧较量。现在，让我们从“爱的行动”转向“爱的勇气”。爱意味着自我界限的拓展，也就是让自我拓展到陌生领域，再塑造出一个不同的、崭新的自己，这一过程是自我完善的过程。在此过程中，我们接触的是从未接触过的事物，通过与这些事物的接触，我们的自我便会获得改变。然而，不熟悉的环境，不同的规矩，陌生的人、事物和活动，都可能使我们陷入痛苦，并由此产生恐惧。有些时候，我们宁可拒绝改变，也不愿忍受改变带来的痛苦，此时我们最需要的就是勇气。勇气，并不意味着永不恐惧，而是面对恐惧时能够坦然行动，克服畏缩心理，大步走向未知的未来。在某种意义上，心智的成熟（也即爱的实质）需要勇气，也需要冒险。

如果你定期去某个教堂做礼拜，或许会注意到这样一个女人：她将近 50 岁，每个周末上午，在礼拜仪式开始前 5 分钟，她都会准时来到教堂，坐在教堂后面靠边的椅子上。礼拜仪式刚结束，她就悄然起身，快步走向门口。主持礼拜的牧师来到教堂门口，跟每一个人打招呼和寒暄，她却像幽灵一样，迅速消失得无影无踪。如果你主动接近她，并邀请她喝咖啡聊天，她会神情紧张地表示感谢，尽可能避免和你四目相对。她会歉意地告诉你，她另有重要约会，接着便一溜烟跑掉了。假如你跟在她身后，想看看她究竟有什么重要约会，最终你会惊奇地发现，原来她径直快步回到家中。这个女人的住处是一幢小型公寓，通常是门窗紧闭。她刚刚走进家门，就迅速把门锁好，直到下一次礼拜才再次出现在教堂里。经过深入的调查，你得知她在一家大公司里，做打字员之类的基础工作。她听从上司的一切安排，很少发表意见。她在公司里默默无闻，工作也极少出现差错。就连吃午餐时，她也不会离开座位与旁边的人进行交流。她几乎没有任何朋友，总是一个人步行回家。途经超市，她会进去购买一些日用品和食品，然后回到家里，再次紧闭门窗，直到次日上班时才会再次出门。到了周末下午，她可能会独自去电影院。她的家里有台电视机，却连一部电话也没有，她也很少和别人通信。如果你有机会亲口告诉她，说她看上去孤独而寂寞，她会明确地回答你：她喜欢当前的状态。你问起她是否养过宠物，她会伤感地告诉你：她曾养过一条狗，她非常喜欢它，不幸的是它八年前死了，此后她再也没有养过狗。她还会补充说，那只狗在她心中有着无可替代的地位。

这个女人究竟是谁呢？我们无法知晓她的秘密。我们只知她尽力避免与人接触，不想冒险与别人打交道，也从未想过要拓展自己的自我界限，去实现自我完善。她宁可让自己越来越萎缩，哪怕缩得像影子一样。她不愿为别人知晓，不愿受人打扰。除了上教堂做礼拜之外，她没有精神贯注的对象。精神贯注并不等于真正的爱，但毕竟是爱的起点。给予某种事物以精神贯注，可能面临拒绝或遭受损失；接近某个人，就可能经受失去对方的危险，让我们再次回到孤独寂寞的状态。如果对方是某种有生命的事物，不管是人、宠物还是盆栽，都有可能突然死亡。如果信任或依赖某个人，就有可能因为对方的亡故，让自己受到莫大的伤害。精神贯注表面上的代价之一，就是你迟早要为贯注对象的死亡或离去，让自己饱受痛苦的折磨。如果不想经受个中痛苦，就必须放弃生活中的许多事物，包括子女、婚姻、性爱、晋升和友谊，但唯有这些事物才能够使人生丰富多彩。在拓展自我的过程中，除了痛苦和悲伤，你同样可以收获快乐和幸福。完整的人生势必伴随着痛苦，其中最大的痛苦之一，就是心爱之人或心爱之物的逝去。如果你想避免其中的痛苦，那你恐怕只有完全脱离现实，去过没有任何意义的生活。

生命的本质就是不断改变、成长和衰退的过程。选择了生活与成长，也就选择了面对死亡的可能性。前面提到的那位女士，一直活在狭隘的圈子里，可能是因为经受过一连串死亡的打击——朋友和亲人相继离世，让她倍感痛苦，宁可放弃真正的生活，也不想再次面对不幸。她不想经受任何痛苦，由此放弃了心灵的成长，哪怕活得如同行尸走肉。但是，因害怕打击而逃避，只会导致心理疾病。大多数有心理疾病的人，都不能清醒而客观地面对死亡。我们应该坦然接受死亡，不妨把它当成“永远的伴侣”，想象它始终与我们并肩而行。我们甚至应该像墨西哥的巫师唐望那样，把死亡当成“最忠实的朋友”。也许这听上去有些可怕，却可以丰富心灵，让我们变得更加睿智、理性和现实。在死亡的指引下，我们会清醒地意识到，人生苦短，爱的时间有限，我们应该好好珍惜和把握。不敢正视死亡，就无法获得人生的真谛，无法理解什么是爱，什么是生活。万物永远处在变化中，死亡是一种正常现象，不肯接受这一事实，我们就永远无法体味生命的宏大意义。

独立的风险

人生是一场冒险。你投入的爱越多，经受的风险也就越大。我们一生要经历数以千计乃至百万计的风险，而最大的风险就是成长，也就是走出童年的懵懂和混沌状态，迈向成年的理智与清醒。这是了不起的人生跨越，它不是随意迈出的一小步，而是用尽全力向前跳出的一大步。很多人一生都未能实现这种跨越，他们貌似成人，或许也小有成就，但直到寿终正寝之际，他们的心理仍远未成熟，甚至从未摆脱父母的影响，获得真正的独立。我是幸运的——即将满 15 岁时，我迈出了这至关重要的一步。当时，我隐约体会到了成长的本质，以及与之有关的风险，它带给我的体验，我至今难以忘怀。我不知道当时的举动，其实就是自我成长的体现，但不管怎么说，我还是大步向前，迈向了未知的崭新天地。

13 岁时，我在离家很远的菲利普斯·艾斯特中学就读，这是一所很有名气的男生预科中学（我的哥哥也在这所学校里上学），也是公认的明星中学。学校毕业生大多都会考入常春藤名校，毕业后如愿步入社会精英阶层。拥有这所明星中学的教育背景，人生之路可谓一片光明。我的家境还算富裕，父母有财力让我接受最好的私立教育，这使我充满了安全感。奇怪的是，我刚刚进入中学，就觉得与那里格格不入。那里的老师、同学、课程、校园、社交乃至整个环境，都让我难以适应。似乎除了努力学习之外，我并没有任何选择。经过两年半的努力，我越发觉得生活失去了意义，情绪也更加消沉。最后一年，我几乎整天睡觉，仿佛只有睡觉才能带来舒适和自由。现在回想起来，我当时整天昏睡，可能恰恰是潜意识正在为即将到来的跨越做准备。

三年级寒假，我一回到家就郑重地向父母宣布："我不打算再回那所学校了。"

父亲说："你不能半途而废。我为你花了那么多钱，让你接受那么好的教育，你不明白自己放弃的是什么吗？"

"我也知道，那是一所好学校。"我回答说，"可是，我不打算回去了。"

"你为什么不想法去适应它呢？为什么不再试一次呢？"我

的父母问。

“我不知道，”我沮丧地说，“我也不知道为什么讨厌它。我只知道，我再也无法忍受下去了。”

“既然这样，那你告诉我们，你到底打算怎么办？你好像没把将来当一回事儿。你有什么样的个人计划呢？”

我依旧沮丧地说：“我不知道。反正我再也不想去上学了。”

父母大为惊慌，只好带我去看心理医生。医生说我患了轻度抑郁症，建议我住院治疗一个月。他们给了我一天时间，让我自行做出决定。那天晚上，我痛苦不堪，第一次有了轻生的念头。既然医生说我患有抑郁症，那么住进精神病院就似乎是合情合理的事。但我哥哥在那所学校很适应，为什么我却不行呢？我清楚我无法适应学校，完全是自己的责任，于是觉得自己是个低能儿。更糟糕的是，我觉得自己和疯子没有两样。父亲也说过，只有疯子才会放弃这么好的教育机会。回到艾斯特中学，就是回到安全、正常的环境，回到被社会认可、对个人前途有益无害的道路上。可是我的内心却告诉我，那不是适合我的道路。就当时看来，我的未来非常迷茫，充满了不确定的因素。放弃上学势必给我带来意想不到的压力，我该怎么办呢？我执意离开理想的教育环境，是不是果真精神失常了呢？我感到害怕。就在沮丧的时刻，仿佛神谕一般，我听到一种声音，一种来自潜意识深处的声音：“人生唯一的安全感，来自于充分体验人生的不安全感。”这声音给了我莫大的启示，尽管我的想法和行为与社会公认的规范不符，甚至使我看上去像个疯子，但我应该选择自己的路，于是，我终于安然睡去。第二天一早，我就去见心理医生，告诉他我决定不再回艾斯特中学，宁愿住进精神病院。就这样，我纵身一跃，进入了未知的天地，开始了我的独立人生，自行掌握我的命运。

成长的过程极为缓慢，除了大步跳跃以外，还包括进入未知天地的无数次小规模跨越——例如 8 岁的孩子第一次独自骑车到遥远的郊区商店购物，15 岁的孩子第一次与异性约会等。如果认为这些经历算不上冒险，那你显然是忘记了当初经历这些事情时，心中那种强烈的紧张感和焦虑感。即使是心理最健康的孩子，初次步入成人世界时，除了兴奋和激动，想必也不乏迟疑而胆怯。他们不时想回到熟悉而安全的环境中，想变回当初那个凡事依赖别人的幼儿。成年人也会经历类似的矛盾心理，年龄越大，越难以摆脱久已熟悉的事物。已是不惑之年的我，现在每天还会面对新的挑战，同时，也是新的成长机遇。心智的成熟不可能一蹴而就，我经历过各种小步迈进，偶尔也会出现意想不到的大步跳跃。我离开艾斯特中学，无疑是告别传统的价值观。很多人从未有过大规模的跳跃，也就无法实现真正意义上的成长。尽管他们看上去像个成年人，心理上却仍对父母有很大的依赖性。他们沿袭上一代的价值标准，做任何事都要得到父母的“批准”，即使父母早已离开人世，他们心理上仍旧难以摆脱依赖的情结。他们从来就不能真正主宰自己的命运。

人生最大幅度的跳跃，大都出现在青春期，但实际上，这种跳跃也可以出现在任何年龄阶段。有一位 35 岁的女士，她有三个孩子。她的丈夫独断专行，以自我为中心，长时间生活在这种阴影下之后，她终于意识到由于对丈夫和婚姻过于依赖，她已经被褫夺了一切人生乐趣。她曾想通过努力让婚姻变得正常，但努力最终化为泡影。她鼓起勇气，和丈夫办了离婚手续，忍受着丈夫的指责和邻居的批评，带着孩子离开了家门。她冒着风险，走向了不可预知的未来——恰恰从这一刻起，她有生第一次成为了她自己。还有一位 52 岁的企业家，他经历过严重的心脏病，情绪极为消沉。他回顾追名逐利的一生，觉得那一切毫无意义。他意识到长期以来，他并不是为自己而活着。他所做的一切，无不是为了取悦他的母亲——他那既专制又挑剔的母亲。他一生拼命苦干，只为得到母亲的认可，按照母亲的标准塑造自己。经过深思熟虑，他第一次抗拒母亲的意志，也不顾妻子和儿女的反对，到乡下开了所专营老式家具的小店。到了他这样的年龄和地位，进行如此翻天覆地的改变，心中的压力和痛苦可想而知。可是，他还是表现出超人的勇气，实现了年轻时的夙愿，当然，这也得益于他能接受心理医生的帮助。接受心理治疗，未必就会降低成长的风险，心理治疗的价值，在于它能提供恰当的激励，给予患者足够的勇气，让他们做出适合自己的选择。

心智的成熟，除了爱和自我完善，除了突破自我界限，还需要什么条件呢？我在上面谈到的所有事例，都涉及了这一因素：自尊自爱。原因是：首先，敢于追求独立自主，本身就是自尊自爱的体现。我尊重自己，才不愿得过且过，去维持在艾斯特中学的可怜状态；也正是因为尊重自己，我才不想忍受不适合我的成长环境。同样，家庭主妇珍爱自己，才结束了限制自由、压抑人性的婚姻。企业家懂得关心自己，才不再如过去那样，凡事只为满足母亲的要求。这样一来，他才没有精神崩溃乃至选择自杀。其次，自尊自爱不仅是接受挑战的动力，也是勇气的来源。我的父母很早就传达给我这一信息："不管什么时候，你都是有价值的人。"他们告诉我："你是我们所爱的孩子，你是可爱的人。无论你做什么，无论你成为什么样的人，只要你努力而且敢于冒险，我们始终都会支持你、爱你。"父母的爱给了我安全感，教我懂得什么是自尊自爱。没有这种自尊自爱的建立，我就没有勇气自主选择前途，就会漠视需要，抹杀个性，一味被动地接受别人安排的生活模式。一个人必须大踏步前进，实现完整的自我，获得心灵的独立。尊重自我的个性和愿望，敢于冒险进入未知领域，才能够活得自由自在，使心智不断成熟，体验到爱的至高境界。我们成家立业、生儿育女，绝非仅仅为了满足他人的愿望。放弃真正的自我，我们就无法进入爱的至高境界。至高境界的爱，必然是自由状态下的自主选择，而不是墨守成规，被动而消极地抗拒心灵的呼唤。

投入的风险

充分投入，是真爱的基石之一。全身心的投入，即便不能保证情感关系一帆风顺，也会起到很大作用。一个人将精神贯注于某种事物之初，其感情投入可能非常有限，不过随着时间的推移，感情投入也需要增加，而且还需要用承诺来推动和强化这种投入，否则情感关系迟早会走向瓦解，或始终处于肤浅脆弱的状态。我自己在步入婚姻殿堂之前，没有任何异样的感觉，表现一直很镇定。渐渐地，我的投入越来越多，尤其是在婚礼上的承诺，更进一步地强化了我的情感投入，以至于在婚礼上感觉紧张乃至有些发抖，甚至不记得婚礼的过程和随后发生的所有事。经过一段时间，我慢慢适应了这一人生变化，终于走出坠入情网的状态，找到了真爱的原动力。通常说来，生儿育女之后，我们只要投入更多的情感，便可从传宗接代的生物本能阶段，成长为有爱心、有责任感的父母。对于以爱为基础的情感关系，全身心地付出，是不可或缺的前提条件。只有持久的情感关系，才能使心智不断成熟，而承诺能够使情感关系更加牢固稳定。假如我们从小就生活在不稳定的情感关系里，内心就会缺乏安全感，不仅时刻担心遭到遗弃，而且感觉前途渺茫，心智就永远不可能达到成熟。夫妻面对依赖和独立、操纵和顺从、自由和忠贞等问题，如果没有承诺来维系稳定的情感关系，甚至将问题扩大化，整天生活在猜疑、恐惧的阴影中，就无法平心静气地找到出路，最终会使情感关系归于毁灭。

充分投入，并做出承诺可以给别人带来安全感。然而，大多数精神分裂症患者都难以充分投入，并做出承诺。让患者达到投入状态，并做出承诺，通常是至关重要的环节。不知道如何实现精神贯注，也不愿意做出任何承诺，就很容易造成心理失调。消极性人格失调者不愿投入和做出承诺，甚至丧失了投入和承诺的能力，他们并不是害怕投入和承诺的风险，而是可能完全不知道如何达到投入的状态，并做出承诺。他们可能在童年时，就未曾从父母那里得到过爱，也没有得到过父母爱的投入和承诺，所以直到他们长大成人，也从未有过投入和承诺的体验。

神经官能症患者能够了解投入和承诺的意义，但极度的紧张和恐惧，使他们丧失了投入和做出承诺的动力。在他们的童年时期，父母大多可以给予他们充分的投入和承诺，使他们从中感受到安全感。与此同时，他们也会对父母的投入做出反应，将自己的情感投入进去，相信父母的承诺。不过后来因为出现死亡、被遗弃或其他原因，这种安全感宣告终止，他们的投入无法得到回应，而是变成了痛苦的记忆，他们由此害怕再度进入投入状态。患者一旦经受过心灵的创伤，除非后来重新建立起理想的投入和被投入关系，获得能够兑现而不是虚假的承诺，不然，伤口就难以愈合。有时候，作为心理医生，我一想到要接待需要长期治疗的患者，心中就忐忑不安。毕竟，想使治疗顺利进行，心理医生就必须跟患者建立良好的关系，充分投入，并做出承诺，就像富有爱心的父母对待子女一样，全心全意地去关心患者，而且不可半途而废，这样才能打开患者的心扉，对症下药。

27 岁的雷切尔小姐患有严重的性冷淡，而且性格内向，言行过于拘谨。她有过短暂的婚姻，离婚后就来找我治疗。她告诉我，由于无法接受她的性冷淡，丈夫马克和她分道扬镳了。雷切尔说："我知道我的问题。我原本以为和马克结婚是件好事，我希望他温暖我的心灵，让我有所改变，但我想错了。这也不是马克的问题。无论和哪个男人在一起，都无法让我体验到性的乐趣，我也不想从性爱方面找到乐趣。尽管我有时也认为应该做出改变，像正常人那样生活，但是很不幸，我习惯了当前的状态。尽管马克时常提醒我，让我尽量放松下来，可是，即便我能够做到，也不想改变当前的状态。"

治疗进行到第三个月时，我就提醒雷切尔：她每次前来就诊，还没坐到座位上，就起码要说上两次"谢谢"——第一次"谢谢"，是我们在候诊室刚见面时；第二次"谢谢"，是在她刚走进我的办公室的时候。

雷切尔问："这有什么不好吗？"

"没什么不好。"我回答说，"不过，你这样多礼没有必要。从你的表现看，就像是个缺乏自信、以为自己是不受欢迎的客人。”

“可我本来就是客人，这里毕竟是你的诊所。”

“说得对，”我说，“可是别忘了，你已经为治疗付了钱。这段时间和这个空间属于你，你有自己的权利，你不是外人。办公室、候诊室，还有我们共处的时间，这些都是属于你的。你付费买下了它们，它们就是属于你的，为什么要为属于你的东西向我道谢呢？”

“我没想到，你真的会这么想。”雷切尔惊讶地说。

“要是我没猜错，你一定还认为，我随时都会把你赶走，对吗？”我说，“你认为我有一天可能这样对你说：‘雷切尔，为你治病实在是无聊，我不想再给你治疗了。你赶快走吧，祝你好运。’”

“你说得没错，”雷切尔说，“这正是我的感觉。我不觉得我有权利去要求别人。你的意思是说，你永远不会赶我走吗？”

“哦，那种可能也未必没有，有些心理医生确实可能那么做。但是，我不会那么做，永远都不会。那有悖心理医生的职业道德。听我说，雷切尔，”我说，“我同意接待像你这样的长期患者，就是向你和你的病情做了承诺。我要尽力帮助你治疗，只要需要，我会一直同你合作，不管是 5 年还是 10 年，直到把问题解决，或到你决定终止治疗为止。总而言之，决定权在你手中。除非我不在人世，不然只要你需要我的服务，我是绝不会拒绝的。”

雷切尔的病因不难了解。治疗伊始，马克就告诉我：“我想，对于雷切尔的状况，她母亲要承担很大责任。她是一家知名企业的管理人员，却不是个好母亲。”原来，雷切尔的母亲对子女要求过分严格，雷切尔活在母亲的阴影下，在家中没有安全感。母亲对待她，就像对待普通雇员一样。除非雷切尔照她的话，达到她希望的一切标准，否则她在家中的地位几乎没有任何保障。她在家里都没有安全感，和我这样的陌生人相处，又怎么可能感觉安全呢?

父母没有给雷切尔足够的爱，对她造成了严重的心理伤害，仅依靠简单的口头安慰，伤口永远不可能愈合。治疗进行了一年，我和雷切尔讨论起她当着我的面，从来都不流泪的情形，这是她不能释放自己的证据。有一天，她反复说她应该提高警惕，以防备别人给她带来伤害。这时我感觉到，只要给她一点点鼓励，眼泪就可能夺眶而出。我伸出手，轻轻抚摸她的头发，柔声地说:“雷切尔，你很可怜，真的很可怜啊！”但是很遗憾，这种一反常规的治疗模式并未成功，雷切尔依旧没有流下一滴眼泪，连她自己也感到灰心:“我办不到！我哭不出来！我没办法释放自己！”下一次治疗时，雷切尔刚刚走进我的办公室，就大声对我说:“好了，现在你得说实话了。”

“你这话是什么意思？”我奇怪地问。

“告诉我，我的问题究竟在哪里？”

我迷惑不解:“我还是不懂你的意思。”

“我想，这是我们最后一次治疗了。你要把我的问题做个总结。你告诉我，你为什么不想再为我治疗了？”

“我不明白你在说什么。”

这下轮到雷切尔迷惑了，“上一次，你不是要让我哭出来吗？”她说，“你一直想让我哭出来，上次还尽可能帮助我哭，可我哭不出来。我想，你一定不想给我治疗了，因为我不能按你的话去做。所以，今天就是我们最后一次治疗了，对吗？”

“你真以为我会放弃治疗吗，雷切尔？”

“是啊，任何人都会这么做的。”

“不，雷切尔，你说错了，不是任何人。你母亲或许有可能那样做，可我不是她。不是所有人都像你母亲一样。你不是我的雇员，你到这里来，不是为了去做我要你做的事，而是做你自己要做的事，这段时间属于你。为了治疗，我会给予你某种启示或敦促，可是我没有任何权利强迫你非要做到什么程度。还有，你任何时候都可以来找我，治疗多长时间都可以。”

如果童年时没有从父母那里得到爱，就会产生极大的不安全感，到了成年时，就会出现一种特殊的心理疾病——他们总是先发制人地“抛弃”对方，即采取“在你抛弃我之前，我得先抛弃你”的模式。这种疾病有多种表现形式，雷切尔小姐的性冷淡，就是其中之一，她无疑是向丈夫以及以前的男友宣告：“我不会把自己彻底交给你。我知道，你早晚会把我抛弃。”对于雷切尔而言，在性爱以及其他方面让自己放松下来，就意味着情感的投入，而过去的经验显示：这样做不会给她带来回报，所以她决不愿“重蹈覆辙”。

雷切尔跟别人的关系越亲近，就越担心遭到抛弃，这正是

“在你抛弃我之前，我得先抛弃你”这种模式所起的作用。经过一年的治疗（每周治疗两次），雷切尔突然告诉我，她无法继续接受治疗了，因为她无力承担每周80美元的治疗费用。她说和丈夫离婚后，她就很拮据，如果继续治疗，每周顶多可以治疗一次。我知道她是在撒谎。她继承了一笔5万美元的遗产，还拥有稳定的工作。另外，她出身富贵人家，经济上不存在任何问题。

通常情况下，我本可以直接指出来，因为和其他患者相比，她更有能力支付不算高昂的治疗费。她以财力不足作借口而放弃治疗，其实是想避免同我过多接近。还有一个原因是：那笔遗产对雷切尔有着特殊的意义。她认为，只有遗产不会抛弃她，永远属于她自己。在这个让她缺乏安全感的世界里，那笔遗产是她最大的心理保障。尽管让她从遗产中拿出微不足道的一部分来支付治疗费是合情合理的，不过，我还是担心她没有足够的心理准备。如果我坚持让她每周治疗两次，她可能就此中断治疗，并且再也不会露面。她对我说，每周只能负担50美元治疗费，因此每周只能就诊一次。于是我就告诉她，我可以把治疗费减为每次25美元，她每周照样可以接受两次治疗。她的目光夹杂着怀疑、忐忑和惊喜，“你说的是真的吗？”她问。我点点头。雷切尔沉默了许久，终于流下了眼泪，她说：“因为我家境富有，镇上和我打交道的人，都想从我这里赚更多的钱，你却给我打了这么大的折扣，我很感动，以前没人这样对待过我。”

接下来的一年，我一直对雷切尔悉心治疗，她却始终处于挣扎状态，难以自我放松，甚至多次试图放弃治疗。我用了一两周时间进行劝说和鼓励，既写信又打电话，才使她将治疗坚持下来。第二年的治疗取得了很大进展，我们能够推心置腹地交流。雷切尔说她喜欢写诗，我就请求拜读她的作品，她起初拒绝，后来答应了我。随后几周，她却总说忘记把诗稿带来。我告诉她，她不想让我看到她的作品，这是不信任我的表现，这和她不愿跟马克以及其他男人在性爱上过于亲近如出一辙。我也不禁反思如下问题：她为什么认为让我欣赏她的作品，就代表着感情的投入呢？她为什么觉得与丈夫体验性爱，就意味着放弃自己呢？如果我对她的作品没有任何反应，在她的心目中，是否意味着我对她不屑一顾、乃至完全排斥呢？难道我会因为她的诗写得不好，就终止我们的友谊吗？她为什么没有想过，让我分享她的作品，更能加深我们的友谊呢？难道她真的是害怕我们的关系越来越密切吗？

到了第三年，雷切尔才真正意识到，我对她的治疗，在情感上是完全投入的，她的心理防线开始撤退，而且让我看了她写的诗。她开始说说笑笑，有时甚至还和我开玩笑。我们的关系，第一次变得自然而愉快。她说："我以前从不知道，和别人相处是怎么回事。我第一次有了安全感。"以此为起点，她也学会了与别人自如地交往，有了更为广泛的人际关系。她终于明白，性爱未必是没有回报的单方面付出。性爱过程是自我释放，是肉体的体验、精神的探索、情感的宣泄。她知道我是可以信赖的，她遇到挫折、受到伤害，我都会倾听她的委屈、解决她的烦恼。在某种意义上，我就像是她不曾有过的称职的母亲。她也清楚地意识到，她没必要过分压抑性爱需求，而是应该听从身体的呼唤。终于，她的性冷淡完全消失了。第四年结束治疗时，她变得活泼而开朗、热情而乐观，充分享受到了良好人际关系带来的快乐。

作为心理医生，我是幸运的，因为我不仅向雷切尔做出承诺，而且真正投入地履行了承诺。在整个童年时期，她一直缺少这种承诺和投入，由此才导致了身心疾病。当然，我也并非总是这样幸运，前面提到的“移情”的电脑技术员，就是典型的例子——他对承诺的需求过于强烈，以致我不能也不愿去满足他的要求。心理医生的投入程度是有限的，如果不能适应情感关系的复杂变化，那么连基本的治疗都不可能进行。假如心理医生能够充分投入治疗的过程，患者迟早也会投入进来，这也常常是治疗的转折点。雷切尔让我看她的诗歌，意味着这个转折点的最终出现。奇怪的是，有些患者每周治疗两三个小时，而且坚持了几年，却从来无法达到投入状态，而有的患者可能在治疗最初几个月，就会进入这样的状态。要顺利完成治疗，医生必须让患者投入到治疗过程之中。这对于心理医生来说，不啻是莫大的幸运和快乐，因为患者充分投入，意味着敢于承担投入的风险，他们的心理治疗就更容易成功。

心理医生对治疗的投入，其风险不仅在于投入的状态本身，也在于可能经历意想不到的挑战，甚至要对以往的认识做大幅度修正。改变一个人的人生观和世界观（包括移情的心理现象），通常面临诸多困难。要实现自我完善，享受良好的人际关系带来的快乐，进而使真正的爱成为人生的重心，就必须无所畏惧，敢于做出改变，而不是墨守成规。当然，任何有别于以往的调整，都可能要经受极大的风险。譬如说，一个有同性恋倾向的男子，决心要过正常的生活，他第一次同女孩约会时，心里的压力可想而知。对任何人都缺乏信任的患者，第一次躺在心理医生诊室的沙发上，也需要付出足够的勇气。其他的例子还包括：过于依赖丈夫的家庭主妇，有一天对丈夫宣称，她在外面找到了工作，不管丈夫是否同意，她都想步入社会生活，获得真正的独立；一个人在55岁之前，一直对母亲的话言听计从，终于有一天，他严肃而坚决地告诉母亲，从现在开始，她绝不可以再叫自己的乳名，因为那既幼稚又可笑；一个不苟言笑的硬汉，某一天终于在大庭广众之下，流下了充满真情的热泪；还包括雷切尔——她有一天终于放松下来，在我的诊室里号啕大哭……像这样的情况，当事人所承担的风险之大，甚至不亚于战场上深陷险情的士兵。但这两种情况又有很大的不同：腹背受敌的士兵没有选择，只能面对；而一个处于心灵成长中的人通常都会退缩到以前熟悉而又狭隘的方式中，拒绝成长。

心理医生也要拥有同患者一样的勇气和智慧，而且要承担自我改变的风险。我本人就是如此。在多年的治疗中，我经常根据不同情况，打破常规治疗模式。遵循过去的治疗原则，可能承担的风险更小，但为了患者顺利康复，我需要冒险实践，有时宁可违背传统和常规的做法。我拒绝因循守旧，更不会敷衍了事。回顾过去，每一次成功的治疗，都有冒险尝试的痕迹，而且每每让我经历了更多的痛苦。心理医生只有承担必要的痛苦，才更可能取得意外的成效。有时候，让患者了解医生艰难的选择，对于他们也是一种强大的激励，促使他们更好地配合治疗。治疗者和被治疗者心灵相通、彼此鼓励，才更有可能使治疗立竿见影。

家长的角色和心理医生相似。聆听子女的心声，满足他们的需要，而不是盲目坚守权威，颐指气使，才有助于家长拓展自我，实现自身的完善。因此，只有恰如其分地做出改变，使人格和心灵不断完善，才能担负起做父母的职责。与此同时，家长在对子女进行教育的过程中，自己也会跟着一并走向成熟，这对于双方都是大有益处的。不少父母在子女处于青春期以前，尚算得上尽职尽责，渐渐地，其思维却变得落后和迟钝起来，无法适应子女的成长与改变。他们不思进取，放弃了自我拓展和自我完善的进程。有的人认为，父母为子女经受痛苦与牺牲，是一种殉难行为，甚至是自我毁灭，这完全是危言耸听。实际上，父母的收获可能远远大于子女。如果父母进行自我调整，适应子女的变化，就不会与时代脱节，对其晚年人生也大有益处。遗憾的是，很多人却漠视了这一点，白白错过了自我拓展和自我完善的机遇。

冲突的风险

爱的最大风险之一，是发生冲突时的指责和假谦虚，即我们常常以爱的名义去指责所爱的人。当我们和某人发生冲突时指责对方，就等于是告诉对方："你是错的，我是对的。"父亲指责儿子时会说："你最近怎么鬼鬼祟祟的？"潜台词是："你不应该鬼鬼祟祟的，你这样是不对的。我有权批评你，因为我就从来都不鬼鬼祟祟的，我是正确的。"丈夫指责妻子性冷淡，就会说："你是个性冷淡的女人。你对我的性要求没有反应，所以你是错的。我在性方面是正常的，在其他方面也是正常的。"妻子认为丈夫没花时间陪伴自己和孩子，就会指责丈夫说："你把这么多时间用到工作上，你实在很过分，你这么做是错误的。尽管我没尝试过你的工作，可我看得很清楚。你应该把精力用在其他方面。"指出别人的缺点，即告诉对方"你是错的，我是对的，你应该做出改变"，这并不是很难做到的事情。批评他人很容易，不仅父母和配偶，人人都可能把批评当成家常便饭，可是，大多数批评只是出于一时的冲动、不满和愤怒，不但没有启发和教育意义，反而会使局面更加混乱。

真正有爱的人，绝不会随意指责爱的对象，或与对方发生冲突。他们竭力避免给对方造成傲慢的印象。动辄与所爱的人发生冲突，多半是以为自己在见识或道德上高人一等。真心爱一个人，就会承认对方是与自己不同的、完全独立的个体。基于这样的认识，我们不会轻易地对心爱的人说："我是对的，你是错的；我比你更清楚怎么做更合理，知道什么对你更有好处。"当然，在现实生活中，有的旁观者的确比当事人更清楚，知道怎么做才合乎逻辑。旁观者也可能拥有更高的道德或判断力，这时候，他们有义务指出问题的症结。因此，富有爱心的人，经常处于两难境地——既要尊重对方的独立性，又渴望给予对方爱的指导。

勤于自省，才能走出这种境地。如果你具有爱心，而且想帮助对方，首先必须进行自我反省，确认自己的观点是否有价值。"我看清了问题的本质吗？""我的动机是为对方着想吗？""我发现了问题的症结，还是出于模模糊糊的假想？""我是否真正了解我所爱的人？""他的选择可能是正确的，我是否因经验有限才觉得他的选择不够明智呢？""我想给所爱的人提供指导，是否是出于一己之私？"真正以爱为出发点的人，应该经常反思上述问题。

自我反省的基本前提之一，就是诚实和谦虚的态度，正如14世纪一位英国僧侣所说："诚实和谦虚，意味着有自知之明。善于自我反省的人，才会表现得诚实和谦虚。"

对别人提出批评，通常有两种方式：一种是仅凭直觉就坚信自己是正确的；另一种是经过反省，确认自己有可能正确。前一种方式给人以高高在上的感觉，父母、配偶或者教师常常采用这样的方式，这很容易招致不满和怨恨，而不会给对方的成长带来帮助，甚至还会产生意想不到的消极后果。第二种方式给人谦逊而谨慎的印象，它需要批评者首先自我完善，由此让很多人知难而退。但与第一种方式相比，这种方式更有可能带来成功，而且，根据我的经验，它通常不会产生破坏性的后果。

也有相当多的人宁可压抑自己批评他人的冲动，对他人的问题视而不见。他们过于谦虚，总是三缄其口，从不给所爱的人指导和建议。这种人不具备真正的爱。我接待过一个患者，她长期患有压抑性神经官能症。她父亲是个过于谦虚的牧师，母亲则是一家之主，性格暴躁，甚至当着女儿的面殴打丈夫。她的牧师父亲从不还手，甚至还劝告女儿要遵从耶稣教诲，一面脸颊挨打了，要主动把另一面脸颊送过去。他面对妻子的折磨和虐待，总是保持着绝对的顺从。这位女士接受治疗之初，对父亲佩服得五体投地，但她不久后就意识到，父亲的虔诚和谦虚，实质上只是软弱无能。父亲的消极被动，与母亲的专横霸道，其实没有任何区别，所以父亲不配做她的榜样。另外，她的父亲不曾付出过努力，使她免受伤害。他任凭妻子惩罚女儿，却不敢和她有任何冲突。而且，这位女士一直误以为，她父亲虚假的谦虚、母亲骄横的态度，都是为人父母者的正常表现。实际上，作为孩子的父亲，该挺身而出时却自动退缩，该给予批评时却缄口不言，该帮助孩子成长时却逃之夭夭，这些完全不是爱的表现，它和没有原则、缺乏理智的批评，本质上没有任何不同。

父母爱孩子，就必须指出孩子的错误，而且要采取谨慎而又积极的态度。他们也要允许子女指出自己的错误。同样，夫妻双方要成就幸福美满的婚姻，也要敢于直面冲突和矛盾，彼此成为最好的批评者和建议者。这种原则对于友谊同样适用。传统观念认为，友谊意味着永不冲突，甚至意味着吹捧和奉承，而不是将对方的缺点一语道破，只有没有冲突的友谊，才能天长地久。但是，以这种原则建立起来的关系脆弱得不堪一击，并不算是真正的友谊。所幸人们对于友谊的实质，如今有了更为深刻的认识：友谊须以爱为出发点，适当的指责和批评是必不可少的润滑剂，这样才能成功构建持久的人际关系，否则，友谊就势必带有“失败”“脆弱”“浅薄”的典型特征。

冲突或者批评，是人际关系中特殊的控制权力，如果恰当地运用，就可以改进人际关系的进程，甚至改变所爱的人的一生。如果它遭到滥用，就会产生消极的结果。适当地提出建议，恰当地运用赏罚，适时地提出质疑，果断地予以拒绝，这些都可以有效地缓解冲突或批评的副作用。更重要的是，只有以爱为出发点，投入全部的情感，才能更好地滋养对方的心灵。例如，父母首先应该自我检讨，认清自己的价值观，才能采取正确的方式，恰当地教育孩子。父母也要了解孩子的个性与能力，对症下药地予以教育，否则就可能跟子女长期不和。想让别人听你的话，就要采用对方能理解的语言；想让别人满足你的要求，要求内容就不能超过对方承受的限度；想让对方有所进步，首先就要进行自我完善，这样才能找到沟通的最佳契机和方式。

行使爱的权力，不是一朝一夕的努力，有时甚至要冒很大的风险。你的爱越深，就会越加谦虚，而不是自私和傲慢。你也会不时进行自我反省：“要改变当前的局面，我应该采取怎样的方式？我要凭借什么样的个人影响？我如何断定我采取的方式，对孩子、配偶、集体、国家乃至人类有益无害？我凭什么认为我的想法正确，可以把意志强加到别人身上？我是否有足够的勇气改变对方？我应该怎样扮演支持者的角色？”所有这些，都可能使你面临风险。事实上，不少父母、老师或上司做决定时，并不会进行自省。尽管他们能够行使批评的权力，却不具备真正的智慧，也没有足够的爱心，所以他们的努力是徒劳的，甚至导致消极的后果。真正以爱为出发点的人，总是致力于自我完善，让自己具备起码的道德和智慧，然后才会行使批评权。他们深知肩负的责任。爱使他们勇气倍增，敢于面对任何考验。相应地，强大的责任感，会使人更加谨慎而沉稳。也可以这样说，唯有真爱带来的谦逊和诚实，才能使我们勇气倍增，使我们在行使权力时游刃有余，也更加接近我们心中的上帝。

爱与自律

自律的原动力来自于爱，而爱的本质是一种意愿。自律是将爱转化为实际行动的具体方法。所有的爱，都离不开自律；真正懂得爱的人，必然懂得自我约束，并会以此促进双方心智的成熟。

我曾经接触过一对夫妇，他们年轻聪明，颇具艺术气质。遗憾的是，他们的生活方式却放荡不羁。他们结婚四年，差不多天天发生口角，有时还大打出手、摔烂家具。他们经常分居，并且都有过外遇。接受治疗之初，他们也知道只有学会约束和节制，才能使彼此的关系变得正常，可没过多久，他们就泄气了。他们无法忍受自律带来的压力，认为这完全是一种枷锁，只会剥夺他们的热情和活力。他们喜欢无拘无束。他们不把别人的婚姻放在眼里，认为只有自己的婚姻才充满色彩和活力，所以他们很快就停止了治疗。又过了三年，他们的婚姻非但没有改善，反而越来越糟。他们也曾向其他心理医生求助过，依旧没有任何效果。他们最终分道扬镳，这也是意料之中的结局。

这对夫妻刻意追求人生多姿多彩，这本身并没有错，但是由于缺少自律，他们的生活状态必然混乱不堪。这就好比幼儿学习画画，只是随意把色彩涂抹到纸上，表面看上去，也许倒也颇具吸引力，但画面其实既单调又乏味，没有任何意义可言。他们不懂得控制、调节和改变，因此“画布”上没有任何结构和形状，也没有独特而丰富的内涵。恣意放纵、漫无节制的情感，绝不会比自我约束的情感更为深刻。古代谚语说：“浅水喧闹，深潭无波。”真正掌握和控制情感的人，不仅不会缺少激情和活力，而且能使情感更为深刻和成熟。

人不应被情感所奴役，也不能把情感压抑得荡然无存。我有时候告诉患者，如果感情是他们的奴隶，自律就是管理奴隶的法律。感情是人生活力的来源，它让我们体验到人生的乐趣，满足自我的需求。既然感情可以为我们服务，我们就应该尊重它的价值。不过，作为感情的主人，我们却经常犯两个错误：其一，我们可能对奴隶不加约束，听之任之。我们从不给予管理和指示，长此以往，奴隶也就不再工作，而是闯进主人家里，为所欲为。它们搜光橱柜，砸烂家具。不久以后，我们就发现自己成了奴隶的奴隶，我们被折磨成了人格失调症患者，就像前面那对放荡不羁的夫妇，把人生变得浑浑噩噩。

被内疚感折磨的神经官能症患者，经常走向另一种极端——这也是我们容易犯的第二个错误：主人担心奴隶（感情）造反，因此一旦出现任何征兆或者迹象，就会把奴隶捆绑起来毒打一顿，甚至施以最严厉的刑罚。结果，奴隶们绝望之极，它们消极怠工，致使生产力大幅度降低；它们还可能伺机报复，让主人的担心变成事实：奴隶们举行暴动，一举攻占主人的城池——这也是某些人患有神经病或神经官能症的原因之一。恰当处理好自己的感情，需要丰富而复杂的平衡技巧，需要自我剖析和自我调整。主人要尊重奴隶（感情），提供像样的食物、住所、医疗，及时听取意见并给予反馈。主人要鼓励奴隶的积极性，关心它们的健康状况，同时，也要把它们组织起来，规定纪律，下达命令，让它们分清界限，明确谁是管理者，谁是被管理者，遵从恰当的规矩。

爱是一种极其特殊的情感，必须适当地约束。我在前面说过，爱的感觉与精神贯注息息相关。爱的感觉能产生创造性的活力，但如果不加约束，这感觉就会变成逃出牢笼的野兽，它不仅不会成为真正的爱，而且还会造成极为混乱的局面。真正的爱需要自我拓展和自我完善，需要付出必要的精力，而我们的精力终归有限，不可能疯狂地去爱每一个人。

也许你会认为你的爱取之不尽，用之不竭。你甚至可以“博爱”，并将博爱的范围不停地扩展——这种愿望本身没有错，而且能使你感觉更具激情，可归根到底，这不过是主观臆想罢了。我们的人生何其短暂！在有限的生命里，有限的爱只能给予少数特定的对象。超出能力的限制，对我们的爱不加控制，无疑是自欺欺人，到头来事与愿违，只会给爱的对象带来伤害。即便很多人需要爱和关心，我们也必须有所选择，确定谁更适合作为爱的对象，谁更值得我们付出真正的爱。可以想象，这是艰难的选择，有时还会让你痛苦。你需要权衡多种因素，做出最终决定。你选择的爱的对象，应该能够通过你的帮助，让自己的心智得到成熟。事实上，许多人把心灵藏在厚厚的盔甲里，你想以实际行动去滋养他们的心灵，并为此付出了不懈的努力，但最终却无济于事——对于这样的人，应该及早选择放弃，因为你不管如何倾注自己的爱，都无法使对方的心灵获得成长，就如同在干旱的土地上播种粮食，只能白白浪费时间和精力。真正的爱，珍贵而有限，应该倍加珍惜，妥善使用。

我们不妨详细探讨“博爱”——广泛的爱。很多人都认为，他们能同时爱许多人，而且是以真正的爱为出发点；还有的人认为，他们只属于某一特定的对象，他们只能与这个人“珠联璧合”，而其他人都不配作为他们爱的对象。这两种认识，都是对爱的本质缺乏认知的结果。就婚姻关系（尤其是性关系）而言，爱甚至完全是排他的，即容不下第三者。多数人的婚姻关系，只允许把配偶或子女作为爱的对象和爱的基础。假如我们除了家庭之外，还要向外界寻求异性的爱，就有可能酿成悲剧。家庭成员最重要的义务之一，就是要对伴侣和子女负责。当然，有的人不仅在家庭范围内建立起以爱为基础的关系，而且还坚持认为他们有过剩的爱的能力去爱别人。这当然也可能是事实，这种人更想把触角伸到家庭以外，向更多的人奉献自己的爱。这种“博爱者”在自我拓展和自我完善的过程中，需要具有超出常人的自律能力，才不会误入歧途。著有《新道德》一书的圣公会神学家约瑟夫·弗莱彻，有一次谈到这一问题时说：“广博而自由的爱是一种理想，很少有人能够真正实现这种理想。”他的意思是说，很少有人能进行充分的自我约束，在家庭内外都拥有以爱为基础的健康的情感关系。自由与约束相辅相成，没有约束作基础，自由带来的就不是真正的爱，而是情感的毁灭。

也许你认为，我高估了与爱相关的自我约束，我推崇的生活方式严厉而苛刻，不停地自我反省，时刻考虑义务和责任，这只会把人变成清教徒。事实是，把爱和自律结合起来，才能拥有幸福的人生，才能体验到快乐的极致。通过其他方式，也可以获得短暂的快乐，但它们生命力有限，无法让心智走向成熟。只有真正的爱，才能帮助你自我完善。你的爱越深，自我完善的程度也就越深。真正的爱，在促进对方心智成熟的同时，也会让你的心灵得到成长，你会体验到莫大的喜悦，幸福感会越发真实和持久。你非但不会成为清教徒，而且会生活得比任何人都快乐，正如乡村歌手约翰·丹佛在歌曲《处处有爱》中唱道的：

> 我知道人间处处有爱，
> 请你放心地成为你自己；
> 我相信人生可以变得更加完美，
> 就让我们加入这场人生的游戏。

爱与独立

帮助他人的心灵获得成长，也可以滋养我们的心灵。爱的重要特征之一在于，爱者与被爱者都不是对方的附属品。付出真爱的人，应该永远把爱的对象视为独立的个体，永远尊重对方的独立和成长。很多人却无法做到这一点，由此导致身心的痛苦乃至严重的疾病。

不把别人看成独立的个体，无视别人的独立和自由，这种情形最极端的体现，恐怕就是“自恋”了。自恋者不能接受这一事实：他们的子女、配偶和朋友，都有各自的想法与情感。我接待过一位叫苏珊的患者，她当时 31 岁。从 18 岁开始，她就多次自杀未遂，此后 13 年里，她成了医院和精神疗养院的常客。她接受过多位心理医生的帮助，病情也大有好转。我为她治疗了几个月，她渐渐学会信任值得信赖的人，也能分辨出哪些人值得信赖；她也能够接受自己患有精神分裂症的事实，以开朗而乐观的态度面对疾病；她学会了自尊自爱，学会了照顾自己，不再像过去那样过于依赖别人。总而言之，她的健康恢复得很快。我相信用不了多久，她就可以彻底出院，去过独立的生活。我见到了她的父母，他们 50 多岁，谈吐高雅。我美滋滋地把苏珊的情况告诉他们，还解释了我对苏珊的前景感到乐观的理由。不料，苏珊的母亲X女士突然流下了眼泪。我以为她是过分激动才喜极而泣，奇怪的是，她的表情却极为悲哀。我只好问道："我真的不明白，夫人。我告诉你的是个好消息，你为什么还要难过呢？"

"我当然感到难过了，"她说，"想到苏珊的痛苦，你怎能叫我不流泪呢？"

我不厌其烦地解释：苏珊在患病和治疗期间，的确吃了不少苦头，但这是值得的。她学到了很多，而且就要脱离苦海了。根据我的经验，和其他成年人相比，她变得相当成熟。在与精神分裂症的较量中，她的经验、勇气和智慧，或许能使她更为坚强，她将来要经受的痛苦，也会比别人少得多。我惊讶地发现，她的母亲依然面色悲哀地默默流泪。

"我真是有些糊涂了，X女士，"我说，"在过去13年里，你一定接触过苏珊的许多心理医生，对苏珊的情况很清楚。我坚信她这一次的恢复，尤其会让你感到乐观。难道除了难过以外，你就不为她感到高兴吗？"

"我想到的只是……苏珊活得太苦了。"她眼泪汪汪地说。

我说："可是，你真的不为她感到高兴吗？你想到的，只是她以前的痛苦吗？"

她照旧哭泣着说："可怜的苏珊，她一辈子都在受苦。"

我突然明白了：X女士不是在为苏珊流泪，而是在为她自己流泪，为她自己遭受的痛苦而悲伤。我们谈论的是苏珊而不是她，她只好假借苏珊的名义，发泄她本人的隐痛。一开始，我没有想到，她为什么会这样，后来我意识到，这是因为她无法区分自己和苏珊的不同，她以为她感觉到的一切，苏珊都能够感觉到。苏珊成了她表达情感的工具。X女士不是故意要这样做，她也没有任何恶意，但是，在她的意识深处，根本不觉得苏珊和她有什么区别。她认为苏珊就是她，而她从未把苏珊当成独立的个体。在意识思维层面，她知道苏珊和她是两个人，可是在情感方面，她觉得除了她以外，其他人（包括苏珊）都不存在。她的这种愿望和感受过于强烈，以致她认为全世界只有她自己才是存在的，而其他人只是幻觉。

我后来发现，精神分裂症患者的母亲往往是典型的自恋狂。这不是说子女有精神分裂，母亲就一定是自恋狂，也不意味着母亲是自恋狂，孩子就必然患有精神分裂症。精神分裂症的原因复杂，跟遗传和环境都有关系，母亲的自恋狂倾向势必给孩子的童年带来负面影响。

以苏珊和她的母亲为例，假如我们了解她们相处的情形，对于这种影响的认识就会更清楚。例如，有一天下午，X女士正沉浸在自哀自怜的状态中。苏珊放学回到家里，她在美术课上得到了优等成绩，所以高兴地把作品拿给母亲欣赏。她告诉母亲她进步得多么快。她等着母亲给予表扬，X女士却说："苏珊，你快去睡午觉吧！为了画这些画，你最近太辛苦了。现在的学校真不像话，根本不管孩子的健康。"还有一天，X女士正处在自我幻想的狂热中，而苏珊由于坐校车时遭到男生欺负，回到家里便对她哭诉。X 女士却对她说：“让琼斯先生开校车，我看最合适不过了。他脾气那么好，那么有耐心，能够去忍受你们这些孩子，真是了不起呀！今年圣诞节，你应该给他送件小礼物。”自恋的人无视别人的存在，只把别人当成自我的延伸。他们没有感同身受的能力，从不去体会别人的感觉，也不具备为别人着想的能力。患有自恋症的父母，对于子女的情绪和状态，无法做出正确的回应，对他们的需要也不加体会。他们的子女长大成人，也很少懂得体察别人的感受，这是童年时期家庭负面影响的结果。

大多数为人父母者，未必像苏珊的母亲那么自恋，可是，他们都会对子女的独特性视而不见。人们常说“有其父必有其子”，或者是“你的性格和你吉姆叔叔一样”，似乎孩子不过是遗传基因的复制品。殊不知，父母基因的重新组合，必然诞生出跟父母、祖父母，以及跟任何祖先不同的崭新的生命。作为运动员的父亲，逼着喜欢读书的儿子走上球场；身为学者的父亲，迫使喜欢运动的儿子苦读书本，这样只能对孩子的成长造成误导，使孩子的内心充满痛苦。

一位将军的妻子，曾这样说起 17 岁的女儿莎莉：“莎莉回到家，就把自己关在房间里，去写那些伤感的诗歌，难道这不是病态吗？她甚至很少去参加同学聚会。我想，她是得了严重的心理疾病。”我和她的女儿莎莉面谈，却发现莎莉是个开朗活泼、讨人喜欢的女孩，她的成绩名列前茅，人缘也很好。我告诉她的父母，莎莉没有问题，反倒是他们自己应该端正态度，不要随意动用家长权威，逼迫莎莉变得跟他们一样。他们非要把莎莉的特立独行当成是病态，将来一定会后悔莫及。

有些青春期的孩子经常抱怨，说父母严格教育他们并非是来自真心的关怀，而是父母担心个人名声受到影响。几年前，一位少年就曾对我说：“父母整天对我的头发说三道四，但是他们从来就说不出留长发到底有什么坏处。他们只是不想丢人现眼，不想让别人看到他们的儿子留长发。他们不在乎我的感受，只是在乎他们留给别人的印象。”青少年的抱怨，常常不是空穴来风。有的父母不尊重孩子独立的人格，只把子女当成自我的延伸。子女就像他们昂贵的衣服、漂亮的首饰、修剪齐整的草坪、擦拭一新的汽车一样，代表着他们的社会地位和生活水平。父母的这种自恋情结，看上去没什么大不了，但其实有着惊人的破坏力。而且，这种情形相当普遍。难怪在论述子女教育的一首诗歌中，诗人纪伯伦提出批评——

你的儿女，其实不是你的儿女。
他们是生命对于自身渴望而诞生的孩子。
他们借助你来到这世界，却非因你而来，
他们在你身旁，却并不属于你。
你可以给予他们的是你的爱，却不是你的想法，
因为他们有自己的思想。
你可以庇护的是他们的身体，却不是他们的灵魂，
因为他们的灵魂属于明天，属于你做梦也无法到

达的明天，

你可以拼尽全力，变得像他们一样，
却不要让他们变得和你一样，
因为生命不会后退，也不在过去停留。
你是弓，儿女是从你那里射出的箭。
弓箭手望着未来之路上的箭靶，
他用尽力气将你拉开，使他的箭射得又快又远。
怀着快乐的心情，在弓箭手的手中弯曲吧，
因为他爱一路飞翔的箭，也爱无比稳定的弓。

不能接受所爱之人的独立性，就会给亲情和爱情带来危害。不久前，我主持一次关于婚姻问题的团体治疗，一个男性成员说："我认为妻子的作用就是整理家务，照顾孩子，备办三餐。"他的大男子主义让人吃惊。我本来以为，等其他成员相继发表看法以后，他或许能意识到他的个人想法是错误的。让我大感意外的是，团体里还有六个成员（甚至包括女性成员在内），对于妻子作用的认识，都和他如出一辙。他们是以自我为中心来判断妻子的价值，而没有考虑对方是独立的个体。

我说："唉，难怪你们的婚姻都出了问题。你们必须清楚，人人都有独立的人生和命运，不然你们婚姻的问题就无法解决。"有的人对我的话感到困惑，他们质问我："你又如何看待妻子的作用呢？"我对他们说："就我看来，我妻子的意义和价值，是尽可能满足她自己的需要，尽可能使她的心智获得成熟。

这不仅对我有好处，也是为了她本人乃至上帝的荣耀。”遗憾的是，他们很长时间都没有真正理解我的意思。

在情感关系中，为什么人人都要保持自我的独立性？千百年来，这个问题一直困扰着许多人。类似的问题在政治领域得到的关注，显然要多得多。例如，极端集体主义，与前述的婚姻观念就极为类似，推崇一个人存在的意义与作用，就是为家庭、集体、社会提供服务。小我必须为大我牺牲，个人命运微不足道。极端资本主义则一味强调个人价值，哪怕为此牺牲家庭、团体、社会的利益。在这种观念的驱使下，孤儿寡母可以忍饥挨饿，可以不必得到他人的关心和照顾；企业家可以争名夺利，牺牲工人的利益，享受堆积如山的成果。思维健全的人都看得出，这两种极端的思维方式，都无法解决一个现实问题：在情感关系中，双方如何保持独立性？毋庸置疑，个人健康有赖于社会健康，社会健康也有赖于个人健康。婚姻和家庭，好比是登山运动的大本营，登山者要取得成功，必须完善大本营的设施，保证食物和药品的供应，随时回到营地里休息，准备朝更高的地方攀登。一流登山者筹备大本营的时间，并不少于登山花的时间，因为大本营是否稳固，装备物资是否充足，不仅关系到能否成功登顶，还关系到登山者的生命。

男人的婚姻出现问题，在于婚后只想着往上攀登，对大本营（婚姻）却缺少经营。他们以为营地里衣食齐全，井然有序，随时都可以供他们使用，他们却不需要花费力气对大本营进行修缮和维护。这种“极端资本主义”式的态度，注定会让婚姻遭遇失败。当他们回到家里，就会惊奇地发现，大本营成了一片废墟——妻子因精神崩溃而住进医院，或是有了外遇，或以其他方式向丈夫宣布，她从此以后拒绝继续照管营地。

女人的婚姻出现问题，常常在于女人婚后觉得万事大吉，以为其人生价值就此实现。她们把大本营当成了人生的巅峰。丈夫在婚姻以外的一切努力，一切创造性的成就，不仅无关紧要，甚至还会让她们充满敌意。她们要求丈夫“改邪归正”，把精力完全放在家庭和婚姻上。这样做，只会让婚姻变得令人窒息。丈夫感觉到强烈的束缚，只想早日摆脱枷锁，逃之夭夭。

在某种意义上，妇女解放运动像一面旗帜，为我们指引了理想的婚姻之道：婚姻是分工与合作并存的制度，夫妻双方需要奉献和关心，为彼此的成长付出努力。理想婚姻的基本目标，是让双方同时得到滋养，推动两颗心灵的共同成长。双方都有责任照顾后方营地，都要追求各自的进步，都要攀登实现个人价值的人生巅峰。

少年时代，我喜欢美国女诗人安·布拉兹特里特的宗教组诗。谈到夫妻关系，她的一句诗曾让我尤其感动，那就是“你我合而为一，我将一生感激”。但到了成年以后，我才渐渐意识到，夫妻双方只有更加独立，保持各自的情操和特性，而不是“合而为一”，才能使婚姻生活更为美满。因惧怕孤独而选择婚姻，注定不会成就幸福的婚姻。真正的爱，尊重彼此的独立，也敢于承担分离和意外丧偶的风险。成功的婚姻能够为心灵提供更好的滋养，成就辉煌的人生旅程。夫妻双方以爱为出发点，为对方的成长尽心尽力，甚至适当做出牺牲，才会获得同等乃至更大的进步。夫妻任何一方登上人生的顶峰，都可以大幅度提高婚姻质量，将情感和家庭提升到更高层次，进而推动全社会的健康发展。换句话说，个人的成长与社会的成长紧密结合在一起。当然，在追求成长的过程中，孤独和寂寞常常是不可避免的。诗人纪伯伦曾这样谈到婚姻中“寂寞的智慧”：

你们的结合要保留空隙，
让来自天堂的风在你们的空隙之间舞动。

爱一个人不等于用爱把对方束缚起来，
爱的最高境界就像你们灵魂两岸之间一片流动的海洋。
倒满各自的酒杯，但不可共饮同一杯酒，
分享面包，但不可吃同一片面包。

一起欢快地歌唱、舞蹈，
但容许对方有独处的自由，
就像那琴弦，
虽然一起颤动，发出的却不是同一种音，
琴弦之间，你是你，我是我，彼此各不相扰。

一定要把心扉向对方敞开，但并不是交给对方来

保管，

因为唯有上帝之手，才能容纳你的心。

站在一起，却不可太过接近，

君不见，教堂的梁柱，它们各自分开耸立，却能支撑教堂不倒。

君不见，橡树与松柏，也不在彼此的阴影中成长。

爱与心理治疗

15 年前，我进入心理治疗这一行，当时怀有怎样的动机，现在已经不大记得了。当然，我相信自己志在助人。其他医学门类也有助于人类健康，但在我看来，其治疗程序过于机械化，我难以适应。我觉得与患者深入沟通，比起把手放到患者身上摸来摸去地检查病情要有趣得多。人类心智的成熟过程，也比肉体或病毒的变化更吸引我。我当时并不知道大多数心理医生如何帮助他人。我只是设想他们会使用某种符咒或魔术，神奇地解开患者的心结，我也一直渴望成为这样的魔法师。我并没有想到，我的工作不仅关乎患者心智的成熟，与我自己心智的成熟也有关系。

在实习前十个月，我负责照顾病情严重的住院患者。我觉得他们更需要药物、电磁治疗以及专业护理，而我的作用不值一提。不过，我还是学会了传统意义上的“符咒”——与患者进行心理互动的技巧。此后不久，我开始接待第一个患者，这里暂且称她为马西娅。马西娅每周看病三次。在相当长的时间里，对她进行的治疗，一直令我感到难受。不管我要求她谈什么，她基本上缄口不言。她也不肯照我提供的方式，说出更多的心里话，甚至一句话也不肯多说。在某些方面，我们的观点和看法大相径庭。经过一再努力，她多少做出了调整，我也采取了更多样的治疗方式。可是，尽管我掌握各种治疗技巧，却不能给马西娅带来更大的帮助。经过一段治疗，她还是恶习不改：像过去一样，她总是放纵地与多个男人交往。几个月以来，她始终向我炫耀有增无减的恶劣行为，就这样过了一年。有一天，她突然问我："你觉得像我这样的人，是不是无药可救了？"

对于怎样回答她的问题，我当时没有心理准备，所以只是含糊地问："你似乎是想知道我对你为人的看法？"

她说，她正是这个意思。那么接下来，我该说什么呢？应该采用哪一种符咒呢？难道我应该回答："你为什么想知道我对你的看法？""你觉得我对你会有什么样的看法呢？"或者"马西娅，我如何看你不重要，重要的是你怎么看待自己。"归根到底，我没有做出这些避重就轻、不痛不痒的回答，它们只不过是逃避性的遁词。马西娅在长达一年时间里，坚持每周看病三次，我有理由给予她诚实的答案。但是，对于她的问题如何回答，没有任何可以遵循的先例，也没有哪位教授告诉过我，如何当着患者的面，如实说出对对方人品和人格的看法。我在以前的医学教育中，没有接受过这种训练，别的医生同样没有。

我相信说出心里话，就很可能陷入被动。我紧张地思考着，感觉心怦怦直跳。最终，我还是选择了冒险。我说：“马西娅，你来看病有一年了。说实话，我们的关系不是很顺畅，大部分时间都在对抗，这使我们都感到无聊、紧张和恼怒。尽管如此，我还是想告诉你，在这一年里，你能够忍受不便，一周接一周、一个月接一个月地来看病，表现出很强的毅力。如果你不是自尊自爱、追求成长的人，就无法做到这一点。你努力追求上进，怎么可能是无药可救呢？我可以肯定地告诉你，你并不是无药可救。你也有资格得到我的尊重。”

不久，马西娅就从几十个关系暧昧的男人当中，选择了最适合的一位，并和对方认真交往。他们后来结婚了，生活幸福。她再也不是那个自暴自弃、过于放纵的女孩子了。自从我们那次谈话以后，她开始更多地敞开心扉，除了缺点，她还会说起自己的优点。我们无谓的对抗也消失了。治疗越来越顺利，她的病情有了很大好转。我采取了冒险的治疗方式，不仅使她态度逆转，开始积极配合治疗，而且对她没有任何伤害，既保证了治疗的质量，也成为治疗过程的转折点。

上面的事例，可以给我们带来怎样的启示呢？心理治疗者是否总是应该开诚布公，把自己的看法告诉患者？当然不见得。心理医生应该根据患者的实际情况，采取恰当的治疗手段，而且要基于一个基本前提：医生必须诚实地对待患者，而且要始终如一。作为医生，我尊重而且喜欢马西娅，这也完全是出自真心。而且，我对她的尊重和喜爱，对于她有着特殊意义，尤其是在我们相识已久，治疗越来越深入的情况下——治疗出现转折，与我对她的尊重和喜爱无关，而是与医生和患者的关系出现进展有关。

在治疗另一位患者期间（姑且称她为海伦），也出现过类似的戏剧化的转折。海伦每周看病两次，过了九个月，病情仍没有起色，我对她本人也缺乏好感。相处了很长时间，她还是戴着厚厚的面具。我不清楚问题出在什么地方。我陷入了迷惑和懊恼之中，连续几个晚上研究她的病例，却没有任何收获。我唯一知道的是，海伦不信任我，她抱怨我不关心她，甚至说我只关心她的钱。九个月后的一天，她在接受治疗时说："派克大夫，你无法想象我有多么沮丧。你不关心我，也不在乎我的感觉，你让我怎么和你沟通呢？"

我回答说："海伦，我觉得我们两个都很沮丧。我不知道，你听了我的话会怎么想，但是说实话，我从业10年来，你是最让我头痛的患者。我以前从未有过这样的经历——和患者接触了这么长时间，在治疗上却毫无进展。或许你觉得我不是适合你的医生。我也不知道是怎么回事。我不愿意半途而废，可你的确让我感到困惑。我想不通我们之间的合作到底出了什么问题。"

海伦突然露出了开心的笑容，"那么看起来，你还是关心我的。"她说。

"呃？"我问。

"要是你不关心我，也就不至于感到沮丧了。"

下一次见面时，海伦完全变了样。她过去对很多事情避而不谈，如今却像换了一个人。她原原本本地把她以前的经历和感受告诉我。不到一个星期，我就找到了她的症结，并且迅速确立了理想的治疗方案。

我在治疗中的反应，对海伦有着特别的意义。我做出恰当反应的前提，在于我们的交往越来越深入，在于我们都为治疗付出了努力。心理治疗不是依靠单纯的激励，不是借助于任何“符咒”或采取特殊治疗方式，而是依靠医生与患者对治疗过程的共同投入。治疗者必须为了患者的成长而进行自我完善，承受没有退路的风险。他们要始终如一地关心患者，愿意为此付出更多的精力。换句话说，真正的爱，是让心理治疗顺利进行的最重要因素。

如今，西方的心理学著作，其数量之多让人眼花缭乱，却大都忽视了“爱”这一话题。这实在令人难以置信。印度教派的智者指出，爱是力量的来源。然而在西方心理学著作中，只有个别分析心理治疗成败得失的文章，才偶尔提到爱的问题。而且，它们顶多是提到“亲切感”“同情心”等特质对心理治疗的帮助。“爱”这个题目，似乎令心理学家们感到尴尬，以致极少提起。这种情形有诸多原因，原因之一是，我们常常把真正的爱与浪漫的爱情混为一谈。此外，我们偏重于所谓“科学治疗”，认为它更加理性，更加具体，是可以测量的一种治疗方式，而心理治疗当然也应属于科学治疗的范畴。相对而言，爱是抽象的事物，是难以测量、超乎理性的事物，因此不能归入科学治疗之列。

专家们对爱闭口不谈，还有另一个原因：他们认为医生应同患者保持距离，这种传统的治疗观念根深蒂固。著名心理学家弗洛伊德的追随者，对这一观念的信奉程度，甚至有甚于弗洛伊德本人。根据他们的观点，患者对医生的爱都属于“移情”，医生对患者的爱则属于“反移情”，都是不正常的现象，它们只能带来更多的问题，应该竭力避免。

我认为这种观点很荒谬。移情一向被视为一种不恰当的情感反应，但是医生在治疗过程中，能连续几个小时倾听患者的心里话，既不随意打断患者，也决不妄下断言，他们能够给予患者从未有过的关心，大幅度减轻患者身心的痛苦。在这种情况下，患者爱上医生，完全是正常的反应。而且，在相当多的情况下，移情的本质，决定了它可以阻止患者真正爱上医生。毕竟，移情只是短暂的心理现象，可以使患者初次感受到情感的力量，从而更容易使治疗产生效果。有的患者配合治疗，听从医生的建议，并借助治疗使心智变得成熟，医生对这样的患者具有好感乃至产生爱意，也是自然而然的事，没有什么不妥之处。在治疗中掺入亲情成分，可使治疗更有起色，此时心理医生对患者的爱，就如父母给予子女的爱。

许多人产生心理疾病，都是因为在成长过程中缺乏父母的爱，或者得到的是畸形的爱。医生给予患者更多的爱和关心，才能够使他们的心理得到补偿，使疾病更快地得到治愈。心理医生不能真心地去爱患者，就无法使治疗产生疗效，更不要说立竿见影了。不管心理医生受过多么好的训练，没有真正的爱，或者缺少自我完善，心理治疗只会以失败收场。

由于爱和性有着密切关系，我们不妨对医生和患者的性行为略作探讨。心理治疗具有“爱”和“亲密”的元素，因此，患者和医生容易彼此产生性的吸引力，发生性行为的可能性也跟着增加。有的心理学同行，对那些跟患者发生性行为的心理医生大加痛斥，其实他们未必真正了解其中原因。坦率地说，假如我经过细致的权衡，判定要使患者的心智得到成熟，就必须和其产生亲密的关系（包括性行为在内），也许我会毫不犹豫地选择这种方式。不过，在我 15 年的从医生涯中，至今还未出现过这种特殊情形，我也很难想象会出现这种情形。

正如前面所述，称职的心理医生扮演的角色，基本类似于称职的父母的角色。显而易见，称职的父母不可能跟孩子发生性行为。父母的职责在于帮助孩子成长，而不是利用孩子满足自己的欲望。有责任感的心理医生会尽可能地帮助患者恢复健康，而不是通过患者满足自己的需要。父母应该鼓励孩子追求独立，这也是医生对患者承担的责任。在没有这种责任感作为前提的情况下，假如某个心理医生宣称，他跟患者发生性行为，并不是为了满足私欲，而是为了鼓励患者走向独立，那么他的话就必然是一派胡言，无法叫人信服。

当然，有的患者的确有性引诱倾向，容易把自己同心理医生的关系转化为某种性关系，这只会妨碍他们的自由和成长。现存的一些理论以及为数不多的证据证明，医生与这样的患者发生性行为，只能使患者的心理变得更加依赖，妨碍他们心智的成熟。即便医生和患者没有发展到性行为阶段，只是谈情说爱，也是有害无益的事情。我在前面说过，如果陷入情网，自我界限会出现崩溃，其独立性又会出现大幅度倒退。

如果医生同患者陷入情网，就无法客观面对患者的状况，也无法区分各自的需要。医生如果爱患者，就不该轻易同患者谈情说爱。医生必须尊重被爱者独立的人格，区分自己和患者的角色。有的心理医生甚至认为，除了治疗以外，其他时间不可以同患者私下接触。我尊重这一观点的出发点，不过，我觉得不必做出如此严格的规定。当然，我过去在这方面有过失败的经验：我私下里同一位患者接触，对于其治疗却没有多少帮助。与此同时，我和别的患者私下交往，结果彼此都有不同程度的收获。我也曾为几个好友进行心理分析和治疗，而且都取得了成功。通常说来，即便治疗成功告一段落，医生也应该冷静而谨慎，保证自己与患者的私下接触绝对不是为了满足个人需要。

既然现代心理治疗理论敢于一反传统，把心理治疗界定为真正的爱的历程，那么反过来说，真正的爱能否使心理治疗更有成效呢？如果我们真心去爱自己的伴侣、父母、子女、朋友，我们能为促进他们的心智成熟而进行自我完善，这是否也意味着我们是在对其进行心理治疗呢？我想答案是肯定的。

如果我的妻子、儿女、父母或朋友出现了心理疾病，整天不是胡思乱想，就是自我欺骗，或不幸处于其他困境之中，我一定会毫不犹豫地帮助他们，与他们密切沟通，尽可能改善他们的状况。在此过程中，我会忍受痛苦，遵循规矩行事，从而实现自我完善。我对待他们的态度，就如同我对待那些付钱找我看病的患者一样。我从来都不曾设想过把职业生活同私人生活一分为二。我不可能因为家人朋友没跟我签署过保证书，没有付给我任何医疗费，就对他们置之不理。假如我不肯把握每一个机会，运用学到的知识，尽可能地去帮助我所爱的人，努力促进他们的心智成熟，我又如何算得上是个好丈夫、好父亲、好儿子和好朋友呢？而且，我相信我的朋友和家人也会以同样的态度对待我，帮助我解决各种问题。尽管有时候，我的孩子们对我的批评过于坦率，他们提出的所谓“忠告”也不见得有多么成熟，但毕竟使我得到不少的启示。我的妻子给我的帮助，也绝不少于我给她的帮助。同样，假如朋友对我的个人问题视而不见，从未给过我任何出自真心的关怀，我也不可能把他们当成真正的朋友。事实上，没有亲人和朋友的指导和帮助，我的成长与进步就会大大滞后。所有建立在真爱之上的情感关系，其实都是互相勉励、共同促进的心理治疗关系。

当然，我并非一直是这样看待上述问题的。过去，我对妻子给予我的赞美的重视程度，要大于她对我的批评；我对她的依赖性的培养和扶植，绝不亚于我对她的独立性的支持和鼓励。作为父亲和丈夫，我仅把自己看作是家庭的衣食提供者，我的责任就是给家里带回火腿和熏肉，而我理想中的家庭，应该是个气氛温馨而不是充满挑战的地方。我曾认为，心理医生在职业生涯之外，经常对朋友和家庭成员进行心理实践，不仅是危险而有害的，而且也是不道德的。除了对滥用职业能力的恐惧以外，懒惰也助长了我的上述意识。给家人提供心理治疗当然也是一种工作，每天工作16小时，显然比工作8小时更辛苦。医生也常常怀有这种心理：他们喜欢那些怀着希冀和渴望，主动涉足你的专业领域，主动寻求你的帮助，想借助你的智慧而获得支持的人；他们喜欢那些愿意付费给你，让你为他（她）诊断和治疗，而且每次都限制在50分钟以内的人；他们不太喜欢那些把你的关怀视为应尽的义务，随意对你提出各种要求的人；他们也不太喜欢那些从不把你当成权威人物，也不会恳求你给予指导的人。

事实上，对家人或朋友进行心理治疗，照样需要自律，其强度绝不亚于在办公室里的工作，甚至要付出更多的爱和努力。在我看来，一个人坚持不懈，跋涉在心灵成长的道路上，爱的能力就会不断增长。假如心理医生被外界因素过多地限制，就不应超出自己爱的能力范围，勉强尝试职业之外的心理治疗。缺少爱的心理治疗，不仅不可能成功，而且还会带来危害。如果你每天能“爱”6个小时，那么你应当感到满意，因为你的爱的能力，已经强于大多数人了。心智成熟的旅途是漫长的，你需要更多的时间自我完善，使自己具备更强的能力。只有这样，你才能对朋友和家人进行心理治疗。在所有时间都能去爱别人——这是一种理想，一种需要付出很多努力才可能最终实现的目标，在短时间内，你根本不可能做到尽善尽美。

从另一方面来说，即便是外行，只要他们富有爱心，即使没有接受过严格训练，也能够进行心理治疗。换句话说，对朋友和家庭进行心理治疗，不仅适用于职业心理医生，也适用于一般人。

有时候别人会问我治疗什么时候才能结束，我告诉他们："当你自己成为不错的心理医生的时候。"这一结论其实更适用于团体治疗的成员。许多患者不喜欢这种回答，有人说："这太难了！要做到这一点，意味着我和别人交往时，一直都要处在思考中。我不想那么辛苦，只想活得快乐些。"我则提醒他们，人际交往是彼此学习和教育的机会，也是给予治疗和接受治疗的机会。错过了这样的机会，我们既不能学到什么，也不能教给别人什么。即便如此，患者们还是会感到紧张和畏惧。他们说的是心里话，他们不想追求过高的目标，不想让人生过于辛苦。因此，即便是接受最有经验、最具爱心的心理医生的治疗，大多数患者也没有发挥出全部潜力。他们到了某个阶段，就会匆匆结束治疗。他们或许能够咬紧牙关，踏上短暂的心智成熟之路，甚至走过相当长的距离，但终归难以走完全程。心灵之旅过于艰难，使他们只满足于做普通人。

爱的神秘性

我在前面已经提到过，爱是神秘的。迄今为止，爱的神秘性一直被人们所忽视。我回答了有关爱的诸多问题，但仍有一些问题难以解答。

譬如，爱究竟从何而来？有的人为什么始终缺乏爱？爱是推动心理治疗的重要元素，而爱的缺乏则是导致心理疾病的主要原因。既然如此，为什么有的人成长于缺少爱的环境，经常遭受别人的忽视和虐待，却健康地度过了童年和青春期？他们长大以后，即便没有接受过心理治疗，没有得到更多的爱，为什么仍然能健康成长，甚至接近完美呢？与此同时，为什么有些人的病情不比其他人更为严重，还得到过最睿智、最有爱心的医生的治疗，病情却始终没有起色呢？

我将在后面的章节尝试回答这些问题。也许我的回答不能使所有人（包括我自己在内）满意，不过，我希望它多少有一些启发的作用。

我在论述爱这一题目时，牵涉到的一些相关问题，我通常略去不谈或一笔带过。譬如，当我的爱人第一次一丝不挂地站在我的面前，任由我欣赏她的胴体时，我的心中会燃起一种特殊的情感。那是一种敬畏的感觉，这种敬畏感由何而来呢？既然性爱是人的本能，我就应感觉到性的冲动才对啊！单纯的性的饥渴，足以维持种族的繁衍，可敬畏的感觉又有什么作用呢？性爱的行为中，为何还有敬畏这一因素呢？我为什么会体验到美呢？美又是从何而来？我说过，真正的爱，其对象一定是人，只有人的心灵才具有成长的能力，可是，我们又如何解释其他形式的美，同样能够带给我们强烈的爱的感觉呢？比如，从事木雕的工匠呕心沥血，创造出的不朽的艺术杰作，还有建筑于中世纪的精美绝伦的圣母雕像，以及古希腊特尔斐城那座“战车御者”的青铜像——这些作品都没有生命，可是它们的创作者，不都是怀着无比深厚的爱吗？它们的美不正是来自创造者真诚的爱吗？大自然的美不是同样让我们倾心吗？我们有时把大自然称为伟大的造物主，这并非没有道理。为什么面对美，我们会奇怪地产生哀愁乃至欲哭的冲动呢？为什么几小节的音乐旋律，会让我们魂牵梦绕、唏嘘不已呢？我清楚地记得，多年前，我 6 岁的儿子做完扁桃腺切除手术，从医院回家的第一个晚上，见我疲倦地躺在地板上休息，就跑过来抚摸我的背，我的眼眶瞬间涌出了泪水，这又是什么原因呢？

显然，爱的许多方面，人们至今仍难以了解。单纯从社会生物学的角度和观点出发，未必能解答这些问题，心理学提供的关于自我界限的知识，起到的作用也非常有限。真正了解爱的秘密的人，也许是那些潜心研究宗教的人。为了解答这些问题，下面我要转向宗教这一领域。

成长与信仰

第三部分

人人都有自己的信仰，

对人生的认识和了解就属于信仰的范畴。

The Road Less Traveled

信仰与世界观

随着自律的不断加强，爱和人生经验一并增长，我们会越来越了解周围的世界，以及自己在世界中的位置。不过，由于天赋以及成长环境的不同，每个人对人生体验的广度和深度常常有着天壤之别。

我们对于人生都有各自的认识，有着或广阔或狭隘的人生观和世界观。可以说，人人都有自己的信仰，对人生的认识和了解就属于信仰的范畴。虽然我们常常没有意识到，但这是确凿无疑的事实。

通常，我们对信仰的定义过于狭隘。我们认为，拥有某种信仰，就意味着要相信神灵，加入某个信徒组织，举行某种宗教仪式。如果一个人从来不去教堂，也不相信超自然的神灵，我们就会认为他没有信仰。有的学者还发表这样的言论："佛教不是真正的信仰。""一神论者没有任何信仰的成分。""神秘主义是哲学而不是信仰。"我们容易把信仰过于简单化和单一化，正因为如此，某些事实令我们大惑不解，比如：两个完全不同的人，为什么都以基督教徒自居？为什么和某些经常做弥撒的天主教徒相比，某些无神论者更能遵守宗教的道德规范？

我在指导新来的心理医生实习时，经常发现他们对患者的人生观、世界观毫不在意。患者不信神灵或从不参加教会活动，并且自称没有宗教信仰，医生就认为这些患者确实没有信仰，因此也就不必再去了解其信仰。事实上，对于世界的规律和本质，每个人都有特定的看法与信念，只是未必说出来而已。例如，患者是否认为世界是没有任何意义的混沌状态，只有及时行乐才是最现实的活法？是否认为他们生活在人吃人的世界里，只有残酷无情的人才能变成强者？是否认为世界充满善意，人人都会得到帮助和支援，所以任何人都不必为身处困境而过分烦恼？是否认为世界欠他们很多？是否认为世界自有严厉的“隐形”法律，任何人行为不端，终将受到惩罚？

人们的世界观各不相同，甚至彼此相去甚远。医生迟早都会与患者的世界观发生冲突，甚至形成短兵相接的局面，所以应该从一开始就在这个问题上多下工夫。患者的心理问题，常常与世界观有着密切关联，因此，对于他们的治疗，就涉及对其世界观的纠正和调整。我总是这样提醒接受我指导的实习医生：哪怕患者自称不信宗教，也要弄清他们所信奉的东西。

一个人的信仰与世界观，只有一小部分属于意识层面。多数患者无法体验到自己的潜意识内容，以及对世界真正的看法和整体的观念。他们自认为笃信某种宗教，其实信仰的却是另一种东西。

斯图尔特是位出色的企业工程师，他 50 多岁时，突然极度消沉起来。他的事业一帆风顺，又堪称理想的丈夫和父亲，他却觉得自己毫无价值，甚至是个坏家伙。他抱怨说："也许我哪天死掉了，对这个世界更有好处。"他的话完全是内心感受。他感到自卑，经常失眠，烦躁不安——这是忧郁症的典型症状。他还曾两度自杀未遂。病情严重时，他甚至无法吞咽食物。他觉得喉咙严重梗塞，有时只能进食流质食物，但是体检证明，他的身体没有任何问题。他认为自己是无神论者和科学工作者，对于这样的信仰，他没有怀疑也没有抱怨。他对我说："我只相信看得见、摸得着的东西。据说信奉充满爱心的上帝，或许对我的成长更有好处，可是我从小就听够了这一套谎言，我是不可能再上当的。"他的童年是在观念保守、民风淳朴的美国中西部度过的，父亲是个牧师，母亲也是虔诚的教徒，不过斯图尔特长大以后，很快与家庭和宗教脱离了关系。

经过几个月的治疗，斯图尔特在我的鼓励下，开始对我说起他做过的短暂的梦："我回到童年时代，回到了在明尼苏达的家乡。我好像还是个幼小的孩子，可我分明知道，我仍旧是现在的年龄。有一天晚上，一个男子突然走进房间，想要割断房间里每个人的喉咙。我好像从没见过这个人，但奇怪的是，我知道他是谁——他是我高中约会过的一个女孩的父亲。梦做到这里就结束了，我惊恐地醒过来。我知道，那个男人想割断我们的咽喉。"

我让斯图尔特尽量回忆过去，把他了解的那个男人的情况都告诉我。斯图尔特说："其实很简单，我根本不认识他。只是有几次，我把他的女儿送回家，或是去接他的女儿参加派对。

我和她很少有过真正的约会。”他拘谨地笑了笑，又说：“我在梦里觉得，我接触过他本人，而在现实中，我顶多是从远处望见过他。他在我当年居住的小镇火车站当站长。夏天的傍晚，我去看火车进站，偶尔会看见他站在站台上指挥。”

他的话让我产生了共鸣。小时候，我也在火车站附近消磨过不少慵懒的夏日，也喜欢看着火车在车站进进出出。火车站是热闹又有趣的地方，而站长是这里的总导演。他似乎是个无所不能的人，拥有无上的权力。他知道火车经过哪些大城市，哪趟火车停靠在我们这个不起眼的小站，哪趟火车会疾驰而过，一刻也不停留。站长还负责安排铁路的转轨，设置火车进出的信号，负责收发无数邮件。他还会在车站电报室里，使用我们当时无法理解的密码，与世界各地保持联系。

我对斯图尔特说：“你认为自己是无神论者，我相信你的话。不过，我想你的潜意识中，可能有一部分是信仰上帝的——你信仰的是个可怕的、想割别人喉咙的上帝。”

我的怀疑没有错。斯图尔特也意识到，他有一种古怪而可怕的信仰——世界被邪恶的势力所操控，它想割开他的喉咙。任何冒犯或者错误的行为，都会遭到最严厉的惩罚。而他心目中的冒犯或者错误，不过是些无伤大雅的调情行为，例如偷偷亲吻站长的女儿。他表现出的症状，就是头脑中自我惩罚的潜意识。他希望通过被人割断喉咙这样的意象，来逃避上帝对他的惩罚。

斯图尔特的心里，为什么隐藏着邪恶的神灵与邪恶的世界？这种消极的观念从何而来？人们怎样形成各自的信仰？世界观的形成取决于哪些因素……这些问题很复杂，本书无法一一解答，但有一点是肯定的：人的信仰都来自其文化环境。欧洲人大概认为上帝应该是白人，非洲人则相信上帝是黑人。印度人更容易成为印度教徒，并形成相对悲观的世界观；生长在美国印第安纳州的人大多会信奉基督教，他们对世界的看法，也比印度教徒乐观得多。我们通常很容易接纳周围人的信仰，并把口耳相传的东西视为真理。

形成信仰的基本因素来自我们成长的家庭环境。父母是我们信仰的培植者，他们的影响不仅在于话语，更在于他们处事的方式。比如，他们之间如何相处？他们如何对待我们的兄弟姐妹？而更为重要的是，他们如何对待我们自己？如果说世界是大宇宙，那么家庭就是小宇宙，家庭中的见闻和感受，决定了我们对世界本质的看法。父母的言行举止，为我们创造了独有的外在世界，在此基础上，我们逐渐形成自己的世界观。

“我同意你的说法。”斯图尔特说，“是的，我相信世界上有一个邪恶的上帝，他会割断我们的喉咙，可我不清楚我为什么有这样的想法。小时候，父母就说：‘上帝是爱芸芸众生的，我们也要去爱上帝和耶稣，而且爱无所不在。’”

“既然如此，想必你的童年一定很幸福，是吗？”

他瞪大眼睛说：“你是在开玩笑吗？我根本不幸福。我的童年太痛苦了。”

“为什么痛苦呢？”

“我几乎天天挨打。皮带、木板、扫把，都是父母教训我的工具。不管做错什么，我都会挨打。他们还说，每天打我一顿，可以让我的身体更加健康，而且能促进我的道德修养。”

“他们是否威胁过要掐死你，或割断你的喉咙？”

“没有。不过我相信，这是因为我小心谨慎的缘故，不然他们真的可能那样做。”说到这里，斯图尔特突然停住了，他沉默了好久，脸上露出沮丧的神情。他面色凝重地说：“我好像明白是怎么回事了。”

斯图尔特不只是唯一相信“恶魔上帝”的人，另一些患者对上帝也有类似的看法，提到上帝，他们就感到恐惧。当然，在人们的头脑中，“恶魔上帝”的观念并不是一种普遍存在的情形。我说过，在孩子的心目中，父母就像是神和上帝，父母处理事情的方式，就是宇宙间的至高法则。孩子对所谓神性的了解，往往来自父母的人性——父母充满爱心，悲天悯人，孩子们就会相信世界充满爱心。这样，即便到了成年，在他们的心中，世界仍和童年时一样，充满爱和温暖。假如父母言而无信，睚眦必报，孩子成年后就会感觉世界充满邪恶。从小得不到关心的孩子，长大后就会缺乏安全感，对世界充满戒心和敌意。

我们的信仰和世界观，常常取决于童年经历的影响，这就构成信仰与现实的对立，也就是小宇宙和大宇宙的对立。在斯图尔特心中，世界充斥着邪恶和凶险。童年时代，他必须严格地遵循“家庭小宇宙”的法则，不然喉咙就会被上帝割断。他生活在近乎残暴的成年人的阴影之下。当然，并非所有父母都像斯图尔特的父母那样不可理喻。在世界这个“大宇宙”中，有着不同的文化环境，也有着不同的孩子和父母。

要建立与现实相适应的信仰与世界观，我们必须不断学习，增进对世界的认识。我们必须突破自我界限，涉足更广阔的领域，修正我们的地图。斯图尔特的信仰和世界观，可能仅仅适用于他成长的家庭，而在更加广阔的世界里，他的认知显然不切实际。尽管事业一帆风顺，他却生活在恐惧中，认为上帝随时会割断他的喉咙，这是典型的移情现象。许多成年人的信仰，其实正是移情的产物。

我们毕竟不是超人，无法超越文化、父母和童年经验的影响，只能依据狭窄的人生参照系来待人处事。人们的感受和观点起源于过去的经验，却很少意识到经验并不是放之四海而皆准的法则，他们对自己的世界观并没有完整而深入的认识。专门研究国际关系的心理学家布兰恩特·韦吉曾对冷战时期的美苏关系深入研究，发现美国人和俄国人在对人性、社会和世界的理解上存在着惊人的差异，这些差异在很大程度上操纵着双方的交往和谈判，而双方却浑然不觉。由此导致的结果是，美国人觉得俄国人怪里怪气，在谈判桌上的言行不可理喻，甚至可能心存歹意，而俄国人对美国人也有同样的反感。我们都熟知“盲人摸象”的寓言，其实我们就像寓言里去摸大象的瞎子，没人知道这个巨大的怪物究竟是什么样。我们一味坚持自己的“小宇宙观”，为此不惜与别人对抗，不惜把每一场争执扩大化，甚至将其演变成一场战争。

科学与信仰

心智的成熟，其实就是从小宇宙进入到大宇宙的历程，本书主要论述这段旅程的初级阶段。从本质上说，这一阶段就是不断前进的求知之路。只有学习和进步，才能摆脱昔日经验的限制。我们必须消化和吸收新的信息，扩充眼界，敢于涉足最新的领域。

本书的主旨之一，就是探讨增加认知、扩大视野的意义。我说过，爱的本质是拓展自我，而爱的风险之一，就是必须进入未知的领域。我们必须放弃落后的、陈旧的自己，把陈腐过时的认知踩到脚下，抛弃狭隘的人生观。要做到这一点并不容易，似乎不做任何改变更符合我们的惰性。我们更容易保持现状，更愿意使用以“小宇宙”为基础的旧地图，不想让旧有观念遭受丝毫损伤。但是，这样就会与心智的成熟之路背道而驰。我们应该对过去的信仰提出疑问，主动探索陌生领域，挑战某些久被视为真理的结论。只有怀疑和挑战，才能使我们走上神圣的自由之路。

为此，我们必须从科学起步，别无他途。我们应该逐步以科学的信仰来代替父母的信仰，向小宇宙法则提出挑战。科学的信仰，旨在帮助我们从实际出发，采用现实的经验和历史的教训去认识世界，更新人生观与世界观。如果盲目沿袭父母的信仰，我们可能不会有任何改观。最有活力、最适合我们的信仰，理应从我们对现实的经验和认识中产生。经由质疑、挑战、检验的信仰，才是属于我们的信仰，正如神学家艾伦·琼斯所说：

> 我们存在的一个问题是：几乎很少有人有独一无二的人生。我们的一切（包括我们的情感），似乎都是“二手的”。在许多情况下，我们只有依据二手材料，才能够让自身发挥作用。我可以信任一个内科医生、一个科学家、一个农民的话，我本来不想这样做，但我不得不这样做，他们提供的可能是各自领域的核心知识，而对那些领域我一无所知。关于我的肾脏的状况、胆固醇的作用、饲养小鸡的经验……这些完全是二手的材料，我完全可以接受。但是，有关人类生存的意义、目的与死亡的问题，一切二手材料我都无法接受。我不可能依靠对“二手上帝”的“二手信仰”来生活。我要想真正地活着，就必须拥有自己的语言，拥有独一无二的怀疑与挑战的意识。

我们有了自己的信仰，才能有成熟的心灵。完全沿袭父母的信仰，就会处处碰壁。那么，什么是科学的信仰呢？科学是复杂的世界观，它具备若干重要信条。所以，科学本身也是一种信仰，其重要信条包括：宇宙是客观真实的存在，我们可以对它进行观察，人类对宇宙的观察具有重要价值；宇宙的运行遵循若干规律，而且是可以预测的；人类易受偏见和迷信的误导，在解释宇宙时易犯错误；人类要形成世界观，理应具有足够的怀疑精神，理应接受科学方法的指导，由此总结出观察宇宙的经验。还有，除非经过亲身体验，否则我们就不可以自以为无所不知。另外，科学方法的提炼，虽然来自实践经验，但我们仍不可相信单纯的经验，唯有多次重复实验而获得的经验，才是值得信任的知识。还需要补充一句：只有在相同情况下，其他人通过类似的经验，也能够得到一致的结论，才能证明经验可靠。

在上述信条中，关键字眼包括“真实”“观察”“知识”“怀疑”和“经验”等。科学是一种以怀疑为基础的信仰。为摆脱童年经验、文化教条、父母似是而非教导的“小宇宙”，我们必须怀疑自以为了解的一切。只有凭借科学的态度，我们才能把个人的“小宇宙”经验，转化为广大的“大宇宙”经验。我们必须信仰科学，迈开人生观和世界观的第一步。

许多患者在治疗之初，就告诉我：“我不信教，从来不去教堂。我不相信教会的训诫，也不相信父母的话。我不像父母那样对宗教信仰过于虔诚。我大概永远与信仰无缘。”每当我质疑他们凭什么自认为与信仰无缘时，他们都很惊讶。“其实你是有信仰的。你的信仰博大精深，因为你崇拜真理。你坚信自己会不断进步。”我对他们说，“你的信仰所具有的力量，使你敢于承受一切痛苦、一切摆脱既往经验和迎接未来挑战的痛苦。能够接受治疗，本身就说明你重视进步。你所做的一切，都是为了你的信仰。我绝不认为你比父母缺乏虔诚，正相反，我甚至觉得和他们相比，你的信仰更具神性，有着更高的境界，因为你具有质疑一切的勇气。”

对塑造世界观而言，科学能够起到巨大的推动作用，比其他任何信仰都更为进步。最好的证据之一，就是科学显著的国际性。在全世界范围内，它都具有稳固的“科学群体”，其规模要比教会更加庞大，而且更为团结，其他国际性团体都无法与它匹敌。各国科学家互相交流，他们的热情之大、能力之强，远远超出信仰其他东西的人群。他们超越了自身文化的小宇宙，更加睿智和务实，也更加接近人类和世界的本质。

即便如此，他们对世界的认识也是有限的。拥有科学思维的人，能够对一切现象提出质疑，这远比单纯依靠盲目的迷信和教条更有利于我们的进步。

具有了怀疑一切的态度，我们就会意识到，笃信上帝并不是一件多么了不起的事情。过分信仰上帝，容易使我们更加教条。正是从这样的教条主义中，曾产生过无数战争、宗教裁判所乃至各种迫害。在信仰盾牌的背后，曾隐藏着无数伪善的嘴脸。有的信徒假借信仰的名义，戴上“博爱”的面具，向同类挥舞屠刀。他们唯利是图、巧取豪夺，甚至禽兽不如。他们搞出各种匪夷所思的宗教仪式，以及别有用心的“偶像崇拜”：六手六脚的女神、高踞宝座的男神、象神、虚神、诸神殿、家神，“三位一体”，“众神合一”。而我们看到的则是无知、迷信、教条和僵化，真正的信仰却少得可怜。这不由得使人想到：假如不相信上帝，也许我们会活得更好吧？无数事实证明，在相当多的情况下，上帝非但不是来生的期许，反而是今世的毒药。有时候，我们便会大胆预言，认为上帝是人类心灵的幻象——一种具有破坏性的幻象。也许对于上帝的信仰，其实是人类普遍存在的一种心理病态，必须设法救治才行。

信仰上帝是否真是一种疾病呢？它是否是一种特殊的移情现象呢？是否源于我们过多地接受了父母的“小宇宙”观念，由此阻碍了我们去接纳“大宇宙”观念呢？或者说，对于上帝的信仰，是否是原始而幼稚的思考方式？为寻求更高境界的认知和道德，我们是否必须将“小宇宙”观念彻底舍弃？我们在通过心理治疗走向成熟的过程中，宗教信仰会发生怎样的转变呢？为从科学的角度解决类似疑问，现实中的“临床数据”是必不可少的。

凯茜的案例

凯茜是我接待过的最胆小的患者。我清晰地记得初次见到她时的情形。当时我走进房间，她正蹲坐在角落里，嘴里嘟嘟囔囔，就像是在做祷告。看到我出现在门口，她立刻瞪大眼睛，目光充满恐惧。她尖声哭叫，缩成一团，背部紧贴着墙壁，似乎是想缩进墙壁里。我对她说：“凯茜，我是心理医生，我是不会伤害你的。你不用害怕。”随后我搬了一把椅子，坐在离她稍远的地方，静静地等待。在很长一段时间内，她只是缩在墙角处。渐渐地，她的神态放松了些，随即放声大哭。哭了一会儿，她停了下来，又自言自语地祷告起来。我问她是怎么了，她的声音含糊不清，好像在说：“我就快要死了。”她没有中断祷告，也不想同我说话，嘴唇不停地翕动，念念有词。大约每隔 5 分钟，她会因疲倦而停顿一下，咳嗽几声后又继续祷告。不管问她什么问题，她都会在祷告的间隙偶尔回答说：“我就快要死了。”好像她可以既不休息，也不睡觉，只要不断祷告，就可以阻止死亡的来临。

凯茜的丈夫叫霍华德，是个年轻的警官，他向我讲述了凯茜的基本情况。凯茜 22 岁，他们结婚两年，婚姻正常，凯茜也没有任何心理异常症状。那天早晨，凯茜一切正常，还开车送丈夫去上班。两个小时后，霍华德的姐姐给他打来电话，说她去看凯茜时，发现她变成了现在的模样。于是，他们把凯茜送到医院。霍华德告诉我，凯茜最近几天，没有任何怪异的言行，不过在过去的四个月里，她很怕到公共场所去，霍华德甚至不得不替她去超市购物，让她独自坐在车里等候。凯茜也害怕孤单一人。结婚以来，凯茜一直有做祷告的习惯。她的家人是虔诚的教徒，她的母亲每周至少两次去做弥撒。奇怪的是，凯茜自从结婚以后，就再也没有去做过弥撒，霍华德也没把这件事放在心上。不过他注意到，凯茜经常独自祷告。“那么，凯茜的健康怎么样呢？”“非常好，她从没有住过院。”“她婚后采取过避孕措施吗？”“她经常吃避孕丸。”值得注意的是，大约一个月以前，凯茜曾告诉霍华德，她不准备再吃避孕丸了。她从报纸上了解到，避孕药品可能对健康有害，霍华德听后也不以为然。

我给凯茜开了大剂量的镇静药，让她按时入睡。随后两天，她的病情没有多少起色，每天仍在祷告，念叨着说她很快就会死掉，此外什么也不肯说。显而易见，她有着某种强烈的恐惧感。到了第四天，我给她进行了静脉注射，说：“凯茜，我给你打的这一针会使你很想睡觉。你不会真的睡过去，你也不会死掉。药效发作以后，你就会停止祷告。你会觉得很放松，愿意同我说话。现在我要求你告诉我，来医院的那天早晨，到底发生了什么事？”

“没发生什么事。”凯茜说。

“你送丈夫去上班了，对吗？”

“是。然后我就开车回家了。后来，我知道自己快要死了。”

“你还是和以前一样，把丈夫送到单位，然后直接开车回家的吗？”

凯茜不再同我说话，又开始祷告起来。

“别念了凯茜。”我对她说，“你现在绝对是安全的，你可以放松下来。那天早晨，你在开车回家途中，发生了一件事，告诉我是什么事？”

“我走了另外一条路回家。”

“什么路？”

“我从比尔家门前经过，我走了那一条路。”

“谁是比尔？”

凯茜又开始祷告。

“比尔是你的男朋友吗？”

“是，不过是在结婚以前。”

“你还常想着比尔，对不对？”

凯茜突然哭了起来，“啊，上帝！我就快要死了！”

“你那天见到比尔了吗？”

“没有。”

“不过你很想见到他。”

“我快要死了。”

“你认为自己想去见比尔，上帝就会惩罚你，对吗？”

“是的。”凯茜又开始祷告。

我让她祷告了10分钟，而自己则在一旁，紧张地整理着思绪。

我对她说：“凯茜，你认为自己快死了，是你自以为了解上帝的想法。你对上帝的了解都是来自别人的看法，但那大都是错误的。我也不是十分了解上帝，但我想，我知道的比你多，也比那些自以为了解上帝的人多。我每天都能接触到许多和你有同样想法的男人女人，他们都产生过背叛伴侣、与人私通的念头，有的还真的做了那种事。可他们都没有受到惩罚。我知道这一点，是因为他们都来找我看过病，后来也都变得乐观而开朗，没有任何心理压力。我想，你也同样会快乐起来。你一定会意识到，你根本就不是坏人。你会了解真相，知道上帝的想法。现在，你好好睡一觉，明天醒来时，你就不用害怕马上死去了。明天见到我，你就能和我自如地交谈了。我们可以谈谈上帝，也谈谈你自己。”

次日早晨，凯茜的情况有所好转，不过恐惧感并没有消除，她还是担心自己随时可能死去（尽管不再像以前那样肯定了）。她一点点地向我吐露心事。她高中三年级时，和霍华德有了性关系。霍华德要同她结婚，她马上答应下来。两周后，她去参加朋友的婚礼，突然意识到自己其实不想结婚。极度的痛苦和懊丧使她当场昏倒在地。后来她更加怀疑，自己也许不该草率结婚。她无法确认自己是否真的爱霍华德，不过，她毕竟同霍华德发生了关系，她以为只有婚姻才能使这种关系合法化，不然她的罪孽就会更大。在确认自己真的爱霍华德之前，她不想生育子女，并开始服用避孕丸。这样做，显然是天主教禁止的另一种“罪孽”行为。她不敢带着罪孽去面对耶稣，所以婚后甚至都不去做弥撒了。她喜欢同霍华德享受床榻之欢，可是差不多从结婚当天起，霍华德对此就很冷淡了。他仍然关心凯茜，给她买各种礼物，而且似乎很疼爱她，甚至不让她外出工作。然而，只有凯茜一再恳求，他才答应同她做爱。凯茜的生活很单调，大约两周一次的性生活，成了她唯一的调剂。凯茜也从未想过离婚——那又将是一种难以饶恕的罪孽。

凯茜孤独难耐，于是就有了与人私通的幻想，她希望借助祷告，驱除头脑的杂念。她每个小时都会抽出5分钟用于祷告，这遭到霍华德的嘲笑，于是凯茜决定趁白天丈夫上班时独自在家里祷告。为弥补夜晚漏掉的祷告，她必须增加白天祷告的频率，每隔半小时就祷告一次，祷告的速度也越来越快。但这并没有消除她的性幻想，反而使之变得更加强烈。她甚至到了每次外出就会死死盯着别的男人发呆的程度。她开始害怕和霍华德一起外出。即使有霍华德陪伴，她也不希望置身于有男人的场合。她曾想过到教堂去做弥撒，不过她知道，到了教堂，却不向牧师“忏悔”她的性幻想，仍然是一种犯罪。无奈之下，她增加了祷告的时间和频率，还创造出一种特殊的祷告方式：将祷告词的字句进行缩读，甚至以个别字词代替整篇祷告。她整天念念有词，其实是在重复单个的音节或者词语。不久后，她就把这套方法演绎得更加熟练了，可以在5分钟内念完1000多遍祷告词。这种特殊的“祷告系统”，似乎在一定程度上减少了她的性幻想。可是不久后，一切又恢复了老样子：她越来越渴望把性幻想付诸实施。她想给过去的男友比尔打电话，还想每天下午到酒吧里约会男人。想到真的有可能做出那种事，她感到极度恐惧。她停止服用避孕丸，希望借着对怀孕的恐惧，阻止自己做出越轨的事。一天下午，她甚至开始自慰，这让她更加紧张，在她看来，这可能是“最大的罪恶”。她洗了大半天冷水浴，以便让自己冷静下来。她好不容易等到霍华德回家。但是第二天，一切却又依然如故。

那天早晨，凯茜终于难以自控。把霍华德送到警察局后，她直接把车开到比尔家门口。她坐在驾驶室，等着比尔出门，可一直不见动静。她下了车，身体倚靠在车前，还做出挑逗性的姿势。她默默祈祷："求求你，让比尔看见我吧！让他看到我在这里等他吧！"还是没有人出门。"随便什么男人看见我都可以！不管是谁，只要愿意，我都会答应他的要求！我非要跟别人上床不可。""啊，上帝！我是个婊子，我是巴比伦的娼妇！上帝，你杀了我吧！我就快要死了！"她跳上汽车，飞快地开回家。她找了剃须刀刀片，想割开自己的手腕，最终还是放弃了。"上帝会帮助我，给我应有的惩罚。上帝最清楚我的罪孽，他会了断一切。"凯茜夜以继日地等待，"啊，上帝！我好害怕，求求你快动手吧！我好害怕啊！"她不停地祷告，提心吊胆地等待死亡的到来，后来就到了近乎精神失常的地步。

我用了好几个月，才了解到上面的情况。我的工作主要是围绕她罪恶感的来源进行，比如，她为什么认为自慰是一种罪恶？是谁这样告诉她的？那人又凭什么说自慰是罪恶？与人私通的念头，为什么是一种罪恶？罪恶的要素究竟是什么……了解她心中对这些问题的看法，颇费了我一番精力。只有当她对自己的罪恶感开始质疑时，才开始透露性幻想和自慰带给她的诱惑。她甚至质疑整个天主教会的权威。跟教会对立当然不容易，她能够做到这一点，是来自我的鼓励和支持。她渐渐相信，我是为她着想，而非带她步入歧途。我们形成的"治疗同盟"

关系，是让治疗获得成功不可或缺的要素。

以上大部分工作，都是在临床治疗的基础上进行的。那天，我给凯茜注射了巴比妥类催眠药，并同她做了深入交谈，过了一个星期，她就出院回家了。又经过四个月的强化治疗，她才说出对自己罪恶感的想法："我现在觉得，天主教会的那一套并不可靠。"凯茜产生这样的认识，说明对她的治疗进入了新阶段。

我让她思考这样的问题：她以前为什么对天主教会那样虔诚，为什么一直缺乏独立的思考？凯茜说："我的母亲很早就教我，对天主教会不能有任何怀疑。"接下来，我们开始探讨凯茜和父母的关系。她和父亲之间没有感情，父亲白天在外面工作，晚上回家就攥着啤酒瓶，在椅子上打瞌睡。只有星期五晚上例外——他那天晚上会在外面喝酒。家里是她母亲说了算，任何人都不能和母亲唱反调。她的母亲看上去温文尔雅，但是她绝不允许凯茜和她顶撞。凯茜只能乖乖听她训话："你不可以那么做，亲爱的！好女孩可从不做那种事。""你不应该穿那双鞋，正派女孩从不穿那种鞋。""你是否愿意去做弥撒不是你说了算的，这是上帝的要求，你必须去。"在我的帮助下，凯茜逐渐意识到，在她母亲貌似温情的言传身教的背后，隐藏着一种至高无上的权威感。与母亲冲突和对抗，对于凯茜是不可想象的事。

心理治疗难免出现意外。凯茜出院六个月后，在一个星期天早晨，霍华德给我打来电话，说凯茜又把自己反锁在浴室里，不停地做起了祷告。在我的建议下，霍华德说服凯茜回到医院。就像我第一次见到的那样，凯茜仍躲在角落里，浑身瑟缩。霍华德不明白，究竟是什么原因使她病情发作。我把凯茜带进病房，说："别再祷告了，凯茜。告诉我到底是怎么回事？"

"我不能告诉你，我做不到。"

"你做得到，凯茜。"

凯茜不停地喘着粗气。她在祷告过程中对我说："给我吃那种让我说真话的药吧，这样我才能告诉你实情。"

我说："不行，凯茜。这一次你有足够的力量，你要靠自己努力才行。"

她突然哭了起来。然后她看着我，又恢复了祷告。从她的眼神中，我感觉得到，她是在生我的气，甚至有些怨恨我。

我对她说："你是在生我的气。"

凯茜摇摇头，继续祷告。

"凯茜，我想得出十个以上的理由，证明你有可能生我的气，但是，你不说实话，我就不知道你到底为什么生气。你告诉我吧，我是不会介意的。"

"我就快要死了！"她哭泣着说。

"不，你不会死的！凯茜，你不会因为生我的气而死去，我也不会因为你生气而杀死你。你有权生我的气。"

她仍然哭泣着说："我的日子不长了，我的日子不长了。"

这些话突然让我感觉有些怪，似乎能让我联想起什么，但一时间又想不起来。我只好再次重复一遍："凯茜，我是爱你的，我不会因为你恨我而惩罚你。”

她哽咽着说：“我恨的不是你。”

我突然想明白了：“我的日子不长了”——在这个世上的日子不长了。“凯茜，你说的是不是《圣经》的第五诫呢——孝敬父母，你在世上的日子就可以长久；不孝敬父母，你就会很快死去？这就是你的心事，对不对？”

凯茜喃喃地说：“我恨她。”仿佛把这些可怕的字眼说出来，就能增加她的勇气，她突然大声说：“我恨她。我恨我的母亲。她从来不让我……从来不让我成为我自己。她总是要我像她一样，她老在逼我……逼我……她从来不给我任何机会。”

治疗过程发展到这一阶段，前面的路依然障碍重重，凯茜必须战胜困难，才能真正成为她自己。她已经意识到母亲的控制带来的伤害，决心改变这一切。她需要建立自己的价值观，自行做出决定，这让她感到害怕。在通常情况下，由母亲替她做出决定，才能让她感到安全。按照母亲和教会的价值观行事，一切便简单得多。自行去寻找人生的方向，显然需要经受更多的痛苦。后来凯茜对我说：“其实我不想回到过去，但是有时候，我还是怀念过去。至少就某些方面来说，我可以不费多少力气，让一切变得简简单单。”

凯茜逐渐走向自立，而且鼓起勇气，跟霍华德讨论起他在性生活上没有带给自己满足感的问题。霍华德答应做出改善，却没有付诸实际行动。凯茜开始施加压力，而霍华德益发焦虑，并且和我谈起这件事。我鼓励他另找一位心理医生，进行更有针对性的治疗时，他才说起埋在心底的同性恋倾向。原来，他是借着和凯茜结婚，来压抑自己潜在的问题。凯茜有着性感的身材，看上去也很迷人，霍华德便把她当作至高无上的“奖品”——与凯茜在一起，就证明他有男性的魅力。不过，他从未真心爱过她。他们正视了各自的情况以后，就平静地离了婚。

凯茜后来到一家大型服装店做售货员。此后，她在工作和生活中，面临各种选择和决定时，还经常同我探讨。她经受了磨炼，变得坚强而自信。她和男人约会，希望找到理想的伴侣，并且生儿育女。她在工作上也得心应手，始终心情愉快。我对她的治疗结束时，她已晋升为服装店经理助理。我不久前还听说，她转到了另一家规模更大的公司上班。如今，凯茜是个快乐的 27 岁的女郎，她不再到教堂做弥撒，也不再以天主教徒自居。她不能肯定自己是否仍信仰上帝，不过她会明确地说，至少到目前为止，这个问题对她无关紧要。

凯茜的病例，显示出宗教环境和心理疾病有一定的关系。当然，教会不是造成凯茜神经官能症的根本原因。宗教只不过是凯西的母亲建立不合理权威的工具罢了。母亲的颐指气使和父亲的不闻不问，才是凯茜患病的根本原因。即便如此，教会还是难逃其咎。在凯茜就读过的教会学校，神父从不鼓励凯茜发挥主观能动性，做出自己的判断，对教会的信条提出质疑。对于教条可能产生的误导和过分苛刻的要求，教会从来不做任何考查和纠正。凯茜信奉上帝、“十诫”和原罪的观念，她沿袭的信仰和世界观，其实并不符合实际需要。她不能自行提出质疑，也不懂得独立思考。教会根本不能帮助她结合自身情况，去建立合适的信仰。教会只想让信徒们原封不动地继承上一代人的信仰观念。这种情形在世界范围内都是普遍现象。

凯茜这样的病例如此常见，以致许多精神病学家和精神治疗医师把宗教视为“撒旦”，他们甚至认为宗教本身就是一种神经官能症——一种禁锢心灵的非理性观念。重视科学和理性的弗洛伊德也有类似看法，兼之他在现代精神病学界的先驱地位，更促使心理学界趋向于把宗教视为疾病。心理学家从现代科学出发，与古老的宗教迷信进行较量，给人类带来了很大的福音。他们必须耗费时间和精力，帮助患者摆脱落后而陈腐的宗教观念，使患者的心灵重获自由。

马西娅的案例

多年前，我接待过一位患有长期心理疾病的患者马西娅。她当时 20 多岁，患有忧郁症。马西娅对生活环境没有怨言，但整天闷闷不乐。她口袋里从不缺钱，而且接受过良好的大学教育，但看她的打扮却像是个贫穷多病的中年妇女，乃至是流浪街头的老妪。我清楚地记得，在治疗第一年，她穿着不大合身的衣服，衣服色彩也很单调，不是蓝色或灰色，就是黑色或褐色；她还背着帆布袋子，袋子色彩暗淡，老是脏兮兮的。她是个独生女，父母都在大学任教，他们坚持认为，宗教是穷人的鸦片。马西娅10岁时，和朋友们一起去教堂做弥撒，还遭到了父母的挖苦和嘲笑。

马西娅接受治疗之初，对父母抱持的观点深信不疑。她自称是个无神论者，坚信人类只要摆脱神灵的束缚，就会过上幸福的生活。有趣的是，在她的梦境中经常出现宗教性的象征符号。比如，她曾梦见一只鸟飞进房间，嘴里衔着用原始文字写成的神秘卷帙。显而易见，她的潜意识里存在着渴望宗教的成分。

起初，我没有对她的人生观和世界观提出质疑。在长达两年的治疗中，我们也从未讨论过宗教问题，谈话主要涉及的是她和父母的关系。她的父母富于理性，而且能满足她的经济要求，但感情上却同她保持着距离。他们把大部分精力投入于事业，却没有花时间陪伴女儿。马西娅成了心理上的孤儿，成了典型的“不幸的富家子女”，但她却不愿承认这一事实。每当我提醒她，她其实一直被父母所忽视，她的打扮就像个孤儿时，她就会生气地说自己只是跟随潮流而已，而我无权批评她的装束。

对马西娅的治疗是长期而缓慢的，不过在外表上，她却有了迅速而显著的变化。这主要得益于我们逐渐形成的亲密感，这种亲密感完全不同于她与父母的关系。

治疗进入第二年时，有一天早晨，马西娅背着崭新的皮包，出现在我的治疗室里。她的皮包只有原先的帆布袋子的一半大，色彩艳丽而醒目。正是从那一天开始，几乎每隔一个月，她都会添置一件色彩鲜艳的服装，有的是橘黄色，有的是鹅黄色，有的是淡蓝色，有的是深绿色，就像一朵朵鲜花次第开放。她倒数第二次找我看病时，显然对自己的改善大为满意。她说："你知道吗？如今我的心情改变了很多，我的装束和气质也完全变了样。虽然生活环境没有多大变化，我依旧住在原来的地方，做的事也和以前大致相同，但我对整个世界的感觉却完全变了。我感觉温馨而安全，心情也比过去快乐了许多。记得我对你说过，我自认为是无神论者，我现在不那么肯定了。大概我根本不是无神论者。我心情愉快时，有时甚至情不自禁地自言自语：'这个世界其实有上帝存在，因为没有上帝，世界就不会这么可爱。'我不知道如何用语言表达自己的感受，我仿佛置身在一幅宏大的蓝图上。虽然对整体图景所知不多，不过我知道它的确存在，它是那样美好，而我是它的一部分。"

凯茜原本把神灵奉为一切，经过治疗，她不再相信神灵的存在。而马西娅原本否认神灵，是个无神论者，后来却相信上帝的存在。她们的治疗程序几乎一样，医生也是同一个人，最终的结果却截然相反。怎样解释这种情形呢？对于凯茜，心理医生显然有必要质疑她的宗教观，以弱化上帝在她人生中的不良影响。而马西娅则不然，即使心理学家没有提出质疑，她的宗教观也会逐渐占据上风。我们或许会问：为使治疗取得成功，心理学家是否必须主动挑战患者的无神论与不可知论，甚至有意识地引导患者信仰宗教呢?

特德的案例

特德找我看病时是30岁，过着隐士一样的生活。整整七年，他住在树林深处一栋小木屋里，几乎没有朋友，更没有特别亲近的人。最近三年里，他没有和任何女人约会过。作为调剂，他偶尔会做些木工活，大部分时间则花在钓鱼和看书上，或者去尝试做一些无关紧要的决定，比如晚餐应该准备什么?如何准备?是否该去购买一件廉价的工具……因为他很聪明，还有一笔可观的遗产，根本不用为生计发愁。

第一次就诊时，他就坦言自己有严重的心理问题。他说："我知道人应该活得有价值、有意义，可我优柔寡断，什么决定也做不了，更不要说重大的决定了。我认为自己该去做一番事业，因此考虑过读研究生，或去学一门职业技术。可是，做什么事都无法提起我的兴趣。我也考虑过当教师，或者专心从事学术研究，比如国际关系、医学或是农业生物学，最终都不了了之，顶多只是进行一两天的尝试。不管在哪个领域，我碰到难题就会泄气，觉得自己的选择是个错误。我感觉人生堆满了难以克服的问题。"

特德告诉我，他的心理问题开始于18岁。当时他刚进入大学，一切都很顺利。他过着再正常不过的生活，有两个哥哥，家境优越，父母感情和睦，对孩子也很关心。特德原本在一所私立寄宿学校就读，而且成绩优异。后来，他疯狂地爱上了一个女孩，不幸的是，在进入大学前的一周，那个女孩拒绝了他的求爱，这对他造成了巨大的打击。他异常痛苦，在大学一年级时，他差不多天天酗酒，所幸他的学习成绩还算不错。后来他又恋爱过几次，由于每次都没有认真对待，最后都无果而终，学习成绩也开始下滑。

大三时，好朋友汉克死于一次车祸，给他带来了不小的震撼。不过，他还是克服了打击。那一年，他甚至还改掉了酗酒的恶习，但优柔寡断的问题却越来越严重了。他始终无法决定他的毕业论文该选择什么题目。他修完了课程学分，在校外租了房子准备论文。只要再交上一篇不长的论文，就能够顺利毕业。其他同学在一个月内就能完成这一任务，而他却花了三年时间。此后他就什么事也没有做成。七年前，他搬进了那座森林，独自住在小木屋里。

特德认为，他的心理问题应该与性爱有关，因为他的问题好像都源于恋爱的失败。他几乎读过弗洛伊德的每一本著作，也许比我读的还多。在正式治疗的头六个月，我们深入地探讨了他童年时期性心理的发展，却没有取得任何成效。尽管如此，我还是窥见了他性格中某些特别的方面。其中之一就是，不管做什么事，他都缺少起码的激情。比如，他可能会盼望出现好天气，可当好天气到来时，他顶多是耸耸肩说：“也没什么特别的，这一天总是要过去的。”有一天，他在湖里钓到一条肥大的梭鱼。“我一个人也吃不完，又没有别人与我分享，”他说，“所以，我又把它扔回到湖里。”

与缺乏激情的态度相伴而来的，是对一切都表示轻蔑和不屑，似乎没有任何事物能让他满意。他用挑剔的态度，跟可能影响他情绪的一切事物保持距离。他非常注重隐私，我很难了解更多细节，这使治疗进行得格外缓慢，我必须从他口中获得更多有价值的资料。

他做过这样一个梦：“我出现在一个教室里，看到那里有一样东西，我不知道它是什么。我很快把它放进一个箱子，封存起来，不让任何人看到。接着，我把箱子藏到一棵枯死的树木里。树干中间是空的，我用螺丝钉把树皮钉起来。我又坐在教室里，忽然想到螺丝钉可能没有上紧。我紧张得要命，又跑到树林里，重新把螺丝钉拧紧，心里才觉得踏实了。然后，我继续坐在教室里听课。”和其他患者一样，特德梦见了教室和上课，这是一种精神上的自我治疗，他显然是不希望我摸清他的过去，找到他的神经官能症的症结。

治疗进行到第六个月，特德那厚厚的心灵盔甲才出现了一丝裂缝。在来见我的前一天晚上，他曾到一个朋友家里去玩。他抱怨说：“昨晚真是无聊，我的朋友让我听他买的唱片，是尼尔·盖蒙为电影《天地一沙鸥》谱曲的原声带。我真是觉得心烦，我不明白，他受过那么好的教育，为什么还会认为那种无聊的东西是有价值的，而且居然还把它称为音乐？”

他的轻蔑之态过于明显，所以我竖起耳朵，仔细辨析他的想法。我说：“《天地一沙鸥》是宗教作品，所以音乐也有宗教的味道，是这样吗？”

“如果你把它当成音乐，说它有宗教味道，或许也是可以的吧。”

“让你讨厌的，可能是它的宗教味道，而不是音乐本身。”

特德说：“可能吧。反正我很讨厌那种宗教。”

“你讨厌的是什么样的宗教？”

“滥用感情，忸怩作态。”说出这几个字时，他的表情和腔调，都透露出极度的厌恶。

“还有哪些宗教是这样的呢？”我问。

他看上去有些困惑，有些慌乱，“我想不是很多。不管怎么样，宗教对我一向缺少吸引力。”

“一直都是这样吗？”

他有些遗憾地笑了笑：“不，我在青春期时大脑简单，那时候对宗教很虔诚。我在寄宿学校三年级时，甚至还在学校小教堂做过执事呢。”

“后来怎么样呢？”

“什么后来？”

“你的宗教信仰怎么会发生改变呢？”

“大概是我长大了，所以就不再需要它了。”

“你是怎么长大的呢？”

“你这话是什么意思？”特德有些恼火，“人人都会成长，别人是怎么长大的，我就是怎么长大的，这还用问吗？”

“你什么时候发现自己长大成人，不再需要宗教了呢？”

“我不知道。我以前告诉过你，我上大学以后，就没有去过教堂。”

“完全没有吗？”

“一次也没有。”

“高中三年级，你在学校小教堂做过执事，暑假时你经历了一次失恋的打击，就再也没有去过教堂。发生这么大的变化，在你看来，是否和你被女朋友拒绝有关系呢？”

“我不觉得有多少关系，有很多同班同学和我差不多，到了一定阶段，大家都不再相信宗教了。我不再信仰宗教，与我和女朋友分手这件事也许有关系，也许没关系，我也说不清楚。我只是知道，后来我对宗教没有任何兴趣。”

大约一个月之后，治疗过程又有了新的突破。当时，我和特德正在讨论他缺少激情，对一切都没有兴趣的问题。他承认：“我最后一次产生激情，大约是在10年以前。大学三年级的期末论文，我写的是与现代英语有关的题目，我记得当时我写得很投入，很专心。”

“你的论文题目是什么？”我问。

“时间太久了，我记不得了。”

“怎么可能呢，你好好想一想，一定还记得。”

“大概是探讨英国诗人霍普金斯吧。在我看来，他应该是属于最早期的真正意义上的现代诗人。我的论文好像是分析他的

《庞杂之美》这首诗。”

我走进书房，找到了大学时代的英语诗歌课本，《庞杂之美》这首诗在第 819 页，我念道：

上帝理应得到赞美，
是他创造了色彩缤纷的万物——
天空的斑斓色彩，
犹如母牛身上的斑点花纹；
玫瑰色的鼹鼠灵动自如，
宛如自由自在的七彩鲑鱼；
火红的炭火中爆之欲出的栗子；
金翅雀的美丽翅膀；
起伏的山坳、闲置的耕田、新犁的梯田；
这一切，
构成了层次分明的壮美景貌。
还有各行各业的人们不同的装束、工具、装备，
一切对立的、原始的、冗余的、怪异的事物，
世界变化多端、万象汇集，谁又能领悟其中真谛？
快中有慢、甜中带酸、炫目中夹杂黑暗，
上帝创造出的美超乎一切变化，
且让我们由衷地赞美他。

我的眼眶湿润了。我深受感动地说：“这是一首饱含着热忱和激情的诗。”

“是的。”

“这首诗的宗教意味很强。”

“是的。”

“这篇论文，是你秋季学期结束时写的，那就应该是在一月份，对不对？”

“没错。”

“如果我没有记错，你的好朋友汉克，是在同年二月份出的车祸。”

“对。”

这时候，我感到房间的气氛有些紧张。我不是很清楚随后应该怎么办，只好凭着直觉继续追问：“照此说来，你到了17岁，被第一个女朋友拒绝，然后你就放弃了宗教信仰。三年以后，又因为最好的朋友的死亡，放弃了对一切事物的热情。”

“不是我放弃，而是我的热情被所有这一切吸干了！”特德大声说。他就像是在吼叫，我从来没有见过他的情绪如此激动。

“上帝拒绝你，因此你也拒绝上帝，对吗？”

“难道不可以吗？”他以惯常的反击口气说，“这个世界太恶心，一直叫人恶心。”

“我原来以为你的童年很幸福。”

“根本不是。我的童年更叫人恶心。”

在特德貌似平静的外表下，隐藏着痛苦的童年记忆。两个哥哥过去老是欺负他，到了叫人忍无可忍的程度。特德的父母更关心自己的事业，而且两个人彼此怨恨，对孩子的事极少过问。在他们看来，兄弟吵架是正常的。他们从未想过如何保护年幼的特德。特德最大的安慰，就是躲在乡下独自散步。由此可知，早在10多年前，在他的内心深处就种下了离群索居的种子。独处能让他松一口气，真正远离哥哥们的折磨。回忆起往事，特德对世界的仇恨，犹如泉水般涌出。此后几个月，他连续对我回忆起伤心的童年，回忆起女朋友的拒绝，以及汉克的不幸死亡。他觉得这些让他难以承受，他的人生就像是死亡与痛苦并存、危险与邪恶同在的巨大漩涡。

经过15个月的努力，对特德的治疗出现了转折。那天他带来一个小本子，说："你经常说我过于掩饰真相，不肯说出自己的秘密，事实也是如此。我昨晚收拾过去的东西，看到了这本大二时的日记。我还没有重新读过，所以原封不动地交给你。或许你会有兴趣，看看10多年前的我是什么样子。"

我说我一定会的。我用了两个晚上读完了日记。日记再次印证了他过去的生活方式：独来独往，喜欢像隐士一样。此外的内容不多，不过有一件事引起了我的注意：那年一月份的某个星期天，他一个人外出爬山，赶上暴风雪，半夜才回到学校宿舍。"我是多么兴奋啊，"他写道，"平安归来让我有一种狂喜的感觉，就像去年夏天那次死里逃生的经历一样。"下一次同他见面，我就问起他那年夏天的事情。

他说："我告诉过你了。"

他每次这样说，其实都是想隐藏什么，我识破了这一点，继续追问下去："你还有些事没对我说过，我敢肯定。"

他终于说："你还记得我大一暑假时，曾到佛罗里达去打过工吗？我那时赶上了一场飓风。你知道，我一向喜欢暴风雨。就在大风大浪最猛烈时，我赶到码头那里。一阵海浪扑过来，把我冲下了大海，另一个大浪又把我推了回来。整个过程非常简单，而且是在一瞬间。"

我感到难以置信，于是问道："你真的是在风浪最大的时候独自跑到码头去的吗？"

"我说过我喜欢暴风雨，我喜欢体验大自然的疯狂肆虐。"

"这一点我能理解，我也喜欢暴风雨，不过，我可不会像你这样去冒险。"

特德叹了口气，回答说："好吧，我对你说实话吧——我当时有自杀的倾向，我后来也琢磨过这件事。那年夏天，我很想结束自己的生命。说实话，我不记得当时自己是否怀着自杀的念头赶到码头。我真的不太在乎结束生命。"

"你被冲到了海里？"

"是的，我都搞不清是怎么回事。海浪太大，什么都看不见，我只是感觉一个巨大的浪头打过来，一下子就把我卷走了。我整个人淹在水里，失去了自救的能力。我本来以为死定了，感觉非常害怕，但过了一会儿，整个人又被浪送回到岸边，还撞到码头的水泥柱上。我挣扎着爬上岸，手脚并用地爬到路边，身上出现了好几处淤血，幸好伤得不重。"

“对于那一次的经历，你有何感想呢？”

特德挑衅似的反问：“什么叫作有何感想？”

“没什么，我是说你对死里逃生有什么感想？”

“呃，我只是觉得，当时的运气还不错吧。”

我说：“运气？你认为那是运气？你认为海浪把你推回到岸边，只是一种巧合，对吗？”

“当然，本来就是这么回事。”

“不过，有些人会把这种情形称为奇迹。”

“对我来说，也就是走运而已。”

“那就算你走运好了。”我说，“特德，你遇到不幸的事，总是归罪于上帝，抱怨这个世界叫人难以忍受；赶上奇迹般的好事，你却认为是运气。你怎么解释这些事情呢？”

特德也意识到，他不自觉地采取了双重标准。从此以后，他开始留心周围美好的事物。他不仅聚焦黑暗，也开始关注光明。除了反思汉克以及其他人的死亡，他也注意审视人生的快乐。他逐渐意识到，人生某些痛苦原本就是难以避免的，生命原本就是矛盾而庞杂的组合。随着他的观念的进步，我们的关系也越来越和谐。他再次尝试同女人约会，对身边的事物也表现出更大的热情。他的宗教信仰重新萌芽。他在诸多事物的变化中，研究生存与死亡、创造与毁灭的奥秘。他倾听和宗教有关的音乐，阅读神学书籍，还买了一本《天地一沙鸥》。

经过两年的治疗，有一天早晨，特德对我说，他现在可以从我这里“毕业”了。他兴奋地说：“我打算申请进入心理学研究所。你大概以为我是想模仿你，其实我是认真考虑过的。”

我鼓励他说下去。

“我觉得我应该做一些真正有价值的事。既然我打算回去读书，就应该选择一门真正有价值的学科。我觉得研究人类的心灵很有意义，从事心理治疗非常重要。”

我问道：“人类的心灵和心理治疗，是最重要的事情吗？”

“呃……我想，最重要的应该是上帝。”

“既然如此，你为什么不去研究上帝呢？”

“这是什么意思呢？”

“你说上帝最重要，那为什么不去研究上帝呢？”

“对不起，我听不懂你在说什么。”

“那是因为你不想听懂。”

“我真的听不懂，人怎么可能去研究上帝呢？”

“有的学科研究心理学，也有的学科研究上帝，这是事实。”我回答说。

“你是指神学院吗？”

“是的。”

“你的意思，是让我将来去当牧师？”

“是的。”

特德瞠目结舌，“哦，那可不行，我做不到。”

“为什么做不到？”

他没有直接回答问题，而是拐弯抹角地说：“心理医生和牧师相比，也不见得有什么不同。我是说，牧师扮演的也是心理治疗者的角色，而心理治疗和牧师的传道也很接近。”

“那你干吗不去当牧师呢？”

特德突然恼羞成怒，说道：“你为什么要逼我呢？选择什么学科和职业，那是我自己的事，我想干什么，完全是我的自由。心理医生不能指点患者怎么做。你无权替我做出决定，我可以自己做出选择。”

我说：“听着，我不是在替你做决定，我只是在帮你分析另一种可能的选择。你却因为某种原因不考虑其他的可能性。你自己说，你想做最重要的工作，而且你认为最重要的就是上帝。但是，当我建议你把为上帝工作作为职业时，你却极力排斥。你说你做不到。即便你真的做不到，那也没关系，但了解你为什么做不到，是在我的职责范围之内，对不对？现在我再问你一遍：你为什么不考虑做牧师的可能性呢？”

特德有气无力地说：“我就是不能去当牧师。”

“为什么？”

“因为……因为牧师是上帝的仆人，这是人所共知的事情，我是说，如果我去当牧师，就必须公开我信奉上帝的事。以后不管当着什么人，我都必须做出虔诚的姿态，但我做不到。”

“是啊，你必须偷偷摸摸的是不是？你可以把自己关在房间里，表达你最大的虔诚，到了公共场合，就是另外一回事了，对不对？”

特德叹了一口气说：“听着，你不了解我的情况。过去，每当我说对什么事有兴趣、有激情的时候，我的哥哥都会嘲笑我。”

“你现在还是活在过去吗？你仍然只有 10 岁吗？你还是和哥哥生活在一起吗？”

特德哭了起来，说：“其实不只如此，父母也用同样的态度对待我。不管我做错了什么，他们都会惩罚我，拿走我最喜欢的东西。‘咱们看看特德最喜欢什么？对了，我们说下个礼拜去他姑妈家，他就高兴得不得了。那就别让他去了。对了，还有他的弓箭，他最喜欢这种玩具了，我们就把它没收好了。’他们的招数很简单：抢走我所有心爱的东西，只要是我喜欢的，都会被他们随时拿走。”

治疗终于触及到了特德神经官能症的本源。他开始凭借意志力，自行做出决定。他一再提醒自己，他不是 10 岁的孩子，不必再受父母的管束和哥哥的欺负。他开始培养对某些事物的热情，表达对生命和上帝的热爱。他最终决定去神学院。在启程前几周，我收到一张他寄来的支票，这是上个月的治疗费。我注意到他在支票上的签名，不再是名字的简称“特德”，而是签上了他的全名“西奥多”，我打电话问他：“这是什么原因？”

“我本来就希望你注意到它，”特德说，“我想我仍在以某种方式，有意隐藏自己的秘密，对吗？小时候，我姑妈就告诉过我，西奥多这个名字是‘爱上帝的人’的意思，我应该以此为荣。我当时的确很骄傲，就去告诉了哥哥，他们却拼命嘲笑我，还说我是个娘娘腔，以后我就不敢再用这个名字了。现在我突然觉得，这个名字不会让我感到尴尬。我决定以后经常使用我的全名，毕竟，我本来就是一个爱上帝的人，不是吗？”

婴儿与洗澡水

前面举出的例子，都是为了回答一个问题：信仰上帝是否是一种心理病态？要消除童年时的传统观念与迷信思想的束缚，我们就必须认真对待这个问题。从上述事例可以发现，答案不止一个。有时候，答案是肯定的，例如天主教会和母亲灌输的信仰就阻碍了凯茜的成长。她对信仰提出质疑，找到出现问题的原因，才过上了更有活力的生活，让心灵得到了成长的自由。有时候，答案又是否定的，例如马西娅认同了自己的信仰，才脱离了童年时狭隘的小宇宙，进入更辽阔、更温暖的大宇宙。同样，特德的心灵重新焕发生机，与找回信仰更是有着密不可分的联系。

答案亦是亦非，我们该如何面对呢？探求真理是科学家的天职，但科学家也是凡人，和普通人一样，他们在潜意识中，也希望为最复杂的问题找到最简单明确的答案。这样一来，他们探索宗教与信仰的问题时，常常会陷入两种陷阱：一种是不管三七二十一，一律采取排斥和摒弃的态度，即把婴儿和洗澡水一股脑倒掉；另一种则是画地为牢，不肯承认在熟悉的小圈子以外，还存在更值得深入探索的神秘事物。

无数宗教信仰都是以毁灭性的教条主义为特征，那么，问题是出在我们过于信仰上帝，还是我们天生就容易流于教条主义呢？熟悉顽固无神论者的人都知道，他们从不信仰神灵，以打破神灵崇拜为荣，乃至到了独断专行的程度。他们实际上并不比狂热的宗教信徒好到哪里。那么，我们该摒弃的是信仰本身还是教条主义呢？

科学家容易把婴儿和洗澡水一道泼掉的原因，还在于科学本身就是一种宗教。刚刚接受科学启蒙的新生代科学家，其狂妄和偏执的程度，可能丝毫不逊于基督教的十字军，或者狂热的圣战勇士。如果他们的家庭或文化背景原本就带有宗教的无知、迷信、顽固与伪善成分，他们的狂妄和偏执就可能更严重。在破除原有的信仰崇拜方面，我们的动机不仅有知性因素，也含有情感的成分。科学家成熟的标志之一就是能够意识到，像其他任何宗教一样，科学也可能流于教条主义。

我坚定地认为，对于别人教给我们的一切，包括通常的文化观念以及一切陈规旧习，采取冷静和怀疑的态度，才是心智成熟不可或缺的元素。科学本身很容易成为一种文化偶像，我们亦应保持怀疑的态度。

我们的心智可能很成熟，成熟到足以摆脱对上帝的信仰，与此同时，我们也可能成熟到去信仰上帝，即接受宗教信仰。充满怀疑色彩的无神论或不可知论，未必属于更高级的世界观。我们甚至可以相信，尽管世上有各种谬误的神灵观念，但必然存在一个真正的“神灵”。

著名的神学家保罗·迪里奇曾提出过“神外之神”的观念，某些睿智的基督教徒也曾欢欣鼓舞地宣布：“上帝已死。上帝永生。”心智的成熟，意味着走出迷信，进入不可知论，再脱离不可知论，真正认识神灵的存在。

我们无法确知心智成熟之路是否需要经过充满怀疑的无神论或不可知论，逐步通往真正的信仰，但是可以肯定，像马西娅和特德这样经过治疗而开始采取怀疑立场的人，似乎全然在朝着信仰上帝的方向迈进。尤其值得关注的是，他们培养的信仰，跟凯茜摆脱掉的那种信仰截然不同。宗教分为很多种，信仰的层次也分为很多种，对于某些人而言，某些信仰可能具有危害性，另一些则未必有害，甚至可以造福民生。

上述认识对于心理医生大有必要，毕竟他们要直接面对患者心智成熟的问题。对患者信仰体系的合理性做出判断，是他们义不容辞的责任。心理医生以理性为前提，他们即使没有继承弗洛伊德的衣钵，也至少属于怀疑主义者，所以他们常把狂热的信仰视为病态的表现，这就很容易导致彻头彻尾的偏见。

不久前，我接触过一个大四学生，他几年前曾考虑到修道院出家。他在一年前开始接受心理治疗，目前治疗仍在持续。他说：“有关我的信仰以及我想出家的想法，我一直不敢告诉医生，我认为他不会理解我。”我对这个年轻人的了解有限，无法准确评估他信仰的本质。我不知道他曾打算出家的想法，是否带有神经官能症倾向，不过我很想告诉他：“你应把想法和感受告诉医生，坦率地说出一切，这样治疗才能产生更好的效果。

你应该给予医生充分的信任，相信他能采取客观的态度。”但是我没有对他说这些话，因为我不能确定他的医生能否保持客观，能否通过宗教和信仰的观念，进一步了解他的患者。

心理医生对宗教的过分简单化，会使患者处于不利境地。不管是坚持认为宗教大有好处，还是把宗教一律视为致命的魔鬼，都会造成程度不同的问题。但以保持中立客观为幌子，对患者的宗教信仰问题一概回避，同样无助于问题的解决。在这些问题上采取平衡、客观的立场，并不是容易的事情。我真诚地希望，心理治疗者面对患者的信仰，能够采取更成熟、更稳妥的态度，而不是不屑一顾或敬而远之，甚至避之唯恐不及。

有的心理医生发现，病人在视觉上会出现一种奇怪的现象：这些病人只能看见正前方一片非常狭窄的范围，上下左右全都无法看到。他们不能同时看见并排放置的两件东西，一定要偏转头才能看得见另一件东西。这就像透过隧道或一根管子看东西一样，只看见一个小圈子里的事物。这种人没有任何生理上的视力疾病，而是在心理上自己给自己设置了限制。科学家之所以会把洗澡水和婴儿一起泼掉，一个重要原因是他们患了管窥症，没有看见那个婴儿。如果我们能以开放的心态对待事物，就会感受到身边处处有奇迹。最后一部分，我们就来讨论恩典和奇迹。

恩 典

第四部分

我们之所以能具备爱的能力和成长的意愿，

不仅取决于童年时父母爱的滋养，

也取决于我们一生中对恩典的接纳。

The Road
Less Traveled

健康的奇迹

奇异恩典，何等甘甜，
我罪已得赦免；
前我失丧，今被寻回，
瞎眼今得看见。

如此恩典，使我敬畏，
使我心得安慰；
初信之时，即蒙恩惠，
真是何等宝贵！

许多危险，试炼网罗，
我已安然经过；
靠主恩典，安全不怕，
更引导我归家。

将来禧年，圣徒欢聚，
恩光爱谊千年；
喜乐颂赞，在父座前，

深望那日快现。

这首早期美国赞美诗的标题是《奇异恩典》。以“奇异”形容恩典，就意味着它不符合我们所熟知的规律，无法按照常理来预测。接下来的内容会证明，恩典其实是一种普遍存在的现象，并且在一定程度上是可以预测的。然而，在传统科学和“自然法则”的概念框架下，这样的现象是无法解释的，只能被归结为奇迹。

在心理治疗中，我自己和别的同行常常为一些奇特的现象感到惊讶，其中之一就是，有些患者的精神极其坚韧。传统意义上的医学专家们，经常指责心理医生们的理论和手段不够精确，缺乏科学性。事实上，我们对神经官能症患者病因和发展状况的了解，其精确的程度远远超过绝大多数医学领域。通过心理分析，我们可以了解患者的神经官能症产生于什么时间，什么地点，因什么原因而产生，通过什么方式而发展，怎样治疗才可使患者痊愈。然而，我们却无从得知，为什么许多患者经受过一连串重大打击之后，病情并没有变得多么严重，精神更没有全面崩溃。其中原因何在？毕竟按常理考虑，这样的打击本该给患者造成严重的心理创伤，其神经官能症本应极为严重才对。

有一位 35 岁的商人，他的事业很成功，却因患上轻微的神经官能症而向我求助。他原本是个私生子，童年是在芝加哥贫民区度过的。他一开始由聋哑的母亲独立抚养，到了他 5 岁时，州政府认定母亲无力抚养他，就强制把他交由三个家庭轮流抚养。之后，他遭到了种种轻蔑乃至折磨，极少体验到温暖和亲情。15 岁时，他的先天性脑部动脉肿瘤造成血管破裂，身体出现局部瘫痪。16 岁时，他离开了养父母家庭，开始在社会上独立生活。17 岁时，他和别人打架，把对方打成重伤而锒铛入狱。在作为少年犯接受管教期间，他没有得到过任何心理治疗。

度过了六个月单调而乏味的牢狱生涯之后，经由介绍，他在一家名不见经传的小公司做了一名仓库工人。以他的情况看来，想必心理医生和社会工作者们都会认为他前途渺茫，人生毫无希望。然而，事实却出乎人们的意料：不到三年，他就晋升为该公司有史以来最年轻的部门经理。五年后，他和公司另一位女经理结婚，并离开公司自行创业，随即很快成了富商。如今他是个好父亲，是个自学成才的知识分子，是社区的领袖人物，也是个很出色的艺术家。这一切究竟是怎么回事呢？遭受过那么多打击，却能实现今天的辉煌，委实叫人难以想象。通过一般的因果关系，似乎难以做出合理的解释。也许我们可以找到他患有轻微神经官能症的原因，并采取有效措施予以治疗，可我们却无从得知，他那不寻常的成功经历，究竟是源于何种力量。

这位商人的心理创伤有案可查，后来的成就又显而易见，所以引用这一案例更有说服力。一般人童年时都遭到过不同程度的心理创伤，但是其中不少人成年后，事业都蒸蒸日上，其心理健康状况也要强于他们的父母。我们容易理解，为什么有的人会患上心理疾病；我们无法理解的是，为什么有的人承受创伤的能力如此强大？为什么某些人哪怕遭遇小小的挫折，都会产生轻生的念头，而有的人即使经受最难以想象的打击，也不至于自寻死路？人与人为何有着天壤之别？对于这些难以解释的谜团，我们只能简单地概括为：世界上存在着某种神奇的力量，它们凭借我们所不了解的一整套机制，在冥冥之中影响着大多数人，使之安然渡过难关，而且不致产生严重的心理问题。

生理上的疾病，未必一定和心理疾病有关，但事实上，二者之间的联系却是普遍存在的。我们往往知道是什么原因导致我们生病，却很少了解是什么原因让我们保持健康。你去请教一个医生，脑膜炎因何而起，他会毫不犹豫地告诉你："那还用说，当然是脑膜炎双球菌造成的。"然而，这样的答案并不能令人满意。如果今年冬季，医生来到我目前暂居的村庄，从每个居民的咽喉处取出细菌做活体培养的话，他们就可能发现，在每10个人当中，大约有9个人都是脑膜炎双球菌携带者。奇怪的是，这个村庄多年以来都没有出现过脑膜炎病例，今年也不大可能出现。这究竟是怎么回事？尽管脑膜炎的病例并不普遍，但是导致该病的双球菌却极为常见。对此，医生常用"抵抗力"作为解释，认为是人体的免疫系统在抵制脑膜炎双球菌和其他病原体的入侵。我们当然知道免疫系统的确存在，并且对它的具体机制也有不少了解，但仍有很多问题无法回答。每个冬天，在死于脑膜炎的人群中，固然有的人是缘于身体抵抗力差，免疫机能出现了问题，可是绝大多数人却身体健康，有着很强的抵抗力。我们当然可以简单地概括，这些患者统统死于脑膜炎，不过这样的概括显然过于肤浅。我们不了解个中内情，只是隐约感觉到，某种一向保护我们的力量，在某些患者身上忽然间失去了效力。

抵抗力的说法，既适用于像脑膜炎这样的传染性疾病，也适用于其他生理疾病。然而，对于抵抗力在非传染性疾病中发挥作用的具体机制，我们几乎完全没有了解。溃疡性结肠炎是一种通常被认为与心理紊乱有关的疾病，在有的人身上发作过一次之后就终生不再复发，而在另一些人身上，这种疾病却一再发作，甚至因病情恶化而导致死亡。表面上相同的病症，结果却完全不同，对此，也许我们只能笼统地做出结论：后一类人的心理出现了严重的问题，以致对这种疾病的抵抗力远远不及一般人。至于具体是怎么回事，我们就完全不清楚了。

有越来越多的人认为，所有病症都属于心理疾病范畴，即心理上首先出现问题，然后导致身体免疫系统失效。令人惊奇的是，有的人免疫系统非但没有失效，而且相当正常。照理来说，人类应该极易被细菌或是癌细胞夺去生命。我们的身体很容易被脂肪和血液凝块堵塞，或者被盐酸溶液腐蚀，因此我们应该随时都会生病并迅速死亡。然而事实却是多数人很少生病，死亡也不是轻而易举的事。

与意外事故有关的某些现象，也许更容易引起我们的兴趣。很多医生和心理专家都接触过极易发生意外事故的人。在这方面，最富戏剧性的案例之一，是我曾经接触过的一个 14 岁男孩。当时，我负责调查他作为一个“问题少年”是否适合住院治疗。在他 8 岁那年的 11 月，他的母亲突然去世；9 岁那年的 11 月，他从梯子上掉下来，摔断了胳膊；10 岁那年的 11 月，他骑自行车时发生车祸，造成头骨损伤，还伴有严重的脑震荡；11 岁那年的 11 月，他从天窗上跌了下来，造成臀部骨折；12 岁那年的 11 月，他从滑板上摔下来，导致手腕骨骨折；13 岁那年的 11 月，他被汽车撞伤，造成骨盆断裂。

没有人怀疑这个男孩有遭受意外事故的倾向，或者其中另有隐情。事实上，他没有故意自伤的任何念头，即便是母亲去世，也没有让他感觉多么伤心。他甚至语气平淡地告诉我，他早已不大记得她了。我认为要了解这些意外事故的成因，必须把有关“抵抗力”的观念加以延伸——从患者心理疾病的成因，延伸到意外事故的内涵上，从对意外事故的抵抗力角度考虑问题。在人生某些阶段，某些人的确容易遭遇一系列意外事故，但在多数情况下，多数人对意外事故都具有强大的抵抗力。

我清晰地记得自己 9 岁那年冬天发生的一次意外。有一天傍晚，我背着书包回家，走在一条满是积雪的街道上。我一不留神滑倒在地，一辆汽车正好迎面驶来。就在即将撞上我脑袋的一刹那，司机紧急刹车，停了下来。我的两条腿紧挨着汽车前轮。我从汽车下面爬出来，居然毫发无损。我惊恐万分，一路狂奔回家。那场意外本身或许没什么大不了的，只能说我极其走运而已。但如果和其他事件一并考虑，也许我们就不会仓促做出结论。比如，我有多少次在走路、骑车或开车时，险些被汽车撞倒？有多少次在夜里开车，险些撞上行人或骑自行车的人？我有多少次紧急刹车，结果只差一点点就会撞上另一辆汽车？我有多少次在滑雪时险些一头撞到树上？有多少次险些从楼上窗户掉下去？还有，我在打高尔夫球时用力挥起的球杆，有多少次刚好掠过眼皮，擦过发梢……我的人生为何如此新鲜、刺激，而且富有戏剧性呢？

你仔细回顾你自己的一生，也很容易发现，生活中有无数“千钧一发”的时刻，带给你极其神奇的体验。你险些发生意外事故的次数是实际发生的好几倍。你会意识到，你具备特有的生存能力，对意外事件有着某种特殊的抵抗力，而这并不是你自主选择的结果。既然如此，难道说绝大多数人的人生本来就充满危险吗？我们活到今天，真的要感谢神奇的力量吗？难道是“神奇的力量保佑着我，让我一直活到了今天”？

也许你认为这样的意外事件算不上神奇，不过是求生本能起作用的结果。可是，一句简单的“求生本能”就能够解释一切吗？就能使我们对奇迹的存在视而不见吗？我们对于“求生本能”这一事实本身就所知甚少，大量的意外事件更是提醒我们，我们生存至今，是得益于一种比本能更奇妙的力量。我们不妨认为存在着某种神奇的力量，能够对抗我们身体和心理的疾病。众所周知，潜意识引导着身体的运动。但是偶然事件似乎更加神奇，其波及范围也更加广泛，乃至涉及人与人、人与其他事物的关系。我 9 岁那年，那辆汽车没有从我身上轧过去，是我的生存本能在起作用吗？还是司机身上具有某种本能，使我不至死于非命？或许我们的本能，不只为保护我们自己的生命，也是为了保护别人的生命。

尽管并没有亲身经历过，但我曾从朋友口里听说过这样的交通事故——原本可能成为牺牲品的人，竟然从撞得破破烂烂的汽车里毫发无伤地爬了出来。我的朋友们感到无比惊奇："真是叫人无法想象啊！从损坏得那样严重的汽车里，居然有人能得以生还。更奇怪的是，他们伤得并不重。"我们怎样解释这种现象呢？这完全是一种偶然吗？我的这些朋友并不是信仰宗教的人，他们感到神奇，是因为在那些交通事故中根本不存在逃生的可能性。"在那种情况下，本不该有任何人活下来。"他们说，"啊，我想上帝就是喜欢酒鬼。也许现在还不是那个家伙进天堂的时候吧？"

有些人把这些偶然事件解释为运气使然，或者是纯粹的意外，或者是"他们的命运出现了意想不到的转折"，仅此而已。他们对这样的解释感到满意，也由此关闭了深入探究的大门。如果我们进一步分析，以本能来解释这些偶然事件，似乎同样无法令人满意。难道汽车——非生命的事物——拥有一种本能，在其自身发生损毁的时候，能够根据车里人的身体轮廓，采取特殊的方式来保护他们的生命吗？还是车里的人有一种本能，能够根据汽车损毁时的冲击力，及时采取某种特殊的姿态保护自己呢？这些说法听上去无疑是荒谬的，当我们试图解释这些偶然事件时，关于本能的传统观念显然起不到任何作用。同步性的概念可以帮助我们更好地理解这种现象，不过在思考同步性之前，我们应该先了解一下潜意识的相关内容。

潜意识的奇迹

我在接待新的患者时，常常在纸上画出一个大圆圈，然后在圆圈内画上一个小方块。我指着小方块说："这就是你的意识，而圆圈内的其他部分则是你的潜意识，占了总面积的95%以上。如果你更多地了解自己，就会发现你的潜意识——这个你所知甚少的'自己'，有着极为丰富的内涵，它的神秘性超出你的想象。"

潜意识是一片神秘的领域，梦是它存在的最好证据。有一位社会名流，患上了多年难以治愈的抑郁症。他总是感到无聊，却始终找不出原因所在。患者的父母当年很贫穷，而且默默无闻，他的祖辈却曾声名显赫。一开始他并没有告诉我这件事。几个月以后，他对我讲了一个奇怪的梦，才让我看到了他潜藏的进取心："我和父亲出现在一座公寓里，那里摆放着许多巨大的家具，它们大得令人窒息。那时候我比现在年轻。父亲让我驾驶帆船，到附近海湾的另一端，把他丢在海岛上的一条船拖回来。我不知他为何要把船丢在那里，但我对这件事很热衷。我问他怎样找到船，他把我带到一个高耸的柜子前。柜子足有12英尺长，顶端几乎顶到了天花板，上面有二三十个大抽屉。他告诉我，沿着柜子一直看过去，就会看见那条船。”乍看上去，这个梦的含义很难理解。按照惯例，我让他就柜子这一意象随便展开联想，他马上回答：“不知为什么，或许是因为它带给我的压迫感吧，我最先想到的是棺材。”我问：“那么抽屉代表什么呢？”他突然笑着说：“也许我是想杀掉我的祖先们。那些抽屉使我联想到家族墓穴，每个抽屉大得可以装上一具尸体。”梦的含义终于被揭示出来：他年轻时就希望成就功业，就像他赫赫有名的祖先。他也为此感觉到巨大的压力，所以在心理上恨不能“杀死”所有的祖先，以便让心灵获得自由。

任何有梦的解析经验的人，都会认定这是一个有意义的梦。做梦者感觉自己出了问题，潜意识就安排了一出戏，告诉他问题的来源——做梦者原本难以意识到的来源。而且，这样的梦显然运用了象征的技巧。由于梦带来的启示，患者的治疗有了重大突破。潜意识帮助他剖析自我，找到了治疗疾病的途径。潜意识的技巧之高明，令人叹为观止，即便和世上最出色的戏剧家相比，恐怕也毫不逊色。

心理医生每每把梦的解析作为治疗的重要环节。我本人曾一度忽略过许多梦的意义，以及梦有可能带来的启示。潜意识可以用清晰的语言讲述患者最真实的情况。只要做出正确的解释，这些信息就能滋养心灵，促进心灵的成长、心智的成熟。那些能够解释的梦，一定会给做梦者带来有益的信息。这些信息会以各种形式出现，提醒我们小心陷阱，为某些难以解释的问题提供答案。在我们自认为正确时，这些信息明确地指出我们是错的；我们认为自己可能是错的时候，它们会给我们勇气，让我们确信自己是对的。有时候，我们的梦还会提供意识所缺少的关键信息。我们迷失方向时，梦会成为前进的向导；我们犹豫不决时，梦会给我们正确的指引。

即便我们的大脑处于清醒状态，潜意识也会提供各种信息，与我们沟通，帮助我们解决人生问题。此时，它采取的方式与通常的梦略有不同，我们可以称之为“杂念”。就像我们对待梦的态度一样，对于“杂念”这种支离破碎的信息，我们可能同样不以为意。心理医生常要求患者说出脑海里最早出现的想法，哪怕它们乍看上去显得荒诞和琐碎。

有一位年轻的女患者，早在青春期时就经常眩晕，立足不稳，好像随时都会跌倒在地，但却找不出原因所在。眩晕的感觉迫使她常常伸直双腿，臀部下沉，以保持重心平衡，如此一来，她只能体态僵硬地蹒跚而行。这位患者思维敏捷，学识丰富，人际关系也很正常。她接受过多年的心理治疗，情况却一直没有好转。她找我看病不久后的一天，我们正随意交谈，我的脑子里突然冒出“小木偶”三个字。我当时正专心听她说话，于是马上把这个奇怪的字眼逐出了脑海。但是，仅仅过了一会儿，它又再次出现，这一次是那样清晰，就像印在眼帘上一样。我使劲眨眼，试图集中精神，可它就像是生了根，怎么也不肯离去。于是我对自己说：“等一下！假如它是一种天启，而且想以这种方式引起我的注意，就极有可能是在暗示我，我需要了解一条重要信息。”接下来，我努力思考这样的问题：“小木偶”

这三个字，究竟有什么特殊含义？难道它和我的患者有某种关系吗？难道她就像个小木偶吗？她的长相确实很可爱，像个布娃娃似的，而且，她喜欢穿那种色彩鲜艳的衣服……对了！我想起来了，她走路时，样子的确像是一个木偶——她就是小木偶，完全正确！

我找到了患者的病因所在：她像个动作僵硬的小木偶，处处想显示出活力，但又害怕绊倒。这方面的证据也逐渐浮出水面：她的母亲是个控制欲极强的女人，是小木偶的幕后操纵者。她操纵着小木偶的绳索，控制着女儿的一举一动。她曾用一整个晚上的时间，让幼小的女儿接受严格训练，学会了自行大小便。类似的训练让母亲感到自豪，而患者的心理却受到了严重刺激，一生似乎都要看别人眼色行事。她竭尽所能去满足别人的要求，哪怕它们不切实际。她尽可能显得举止端庄、中规中矩、衣着整洁，不敢有丝毫的洒脱和放纵。她没有属于自己的愿望，也没有自行决断的能力。

这一事实成了治疗的转折点。“小木偶”这个词就像是不速之客，突然出现在我的意识里。我从没邀请过它，一开始也没打算接纳它，甚至三番两次地想赶走它。进入意识层面的潜意识信息，往往都是不受欢迎的，意识常对它产生排斥，所以弗洛伊德和他的不少学生都把潜意识视为“危险地带”，认为人性中所有原始的反道德、反社会成分，乃至我们体内蕴藏的邪恶成分，莫不藏身于潜意识中。他们还认为，凡是被意识所排斥的东西，必然是不可接受的邪恶之物。由此，他们认定心理疾病就潜伏在潜意识里，如同深埋在心灵深处的恶魔。

纠正这种错误观念的责任后来落到了荣格肩上，荣格创造出“潜意识的智慧”这一说法。我自己的经验也印证了荣格的看法。在我看来，心理疾病并非潜意识所致，而是意识层面的一种现象，或是意识和潜意识的关联出现了问题。以抑郁症为例，弗洛伊德发现，在很多患者的潜意识中都存在某种被压抑的欲望（主要是性的欲望）和愤怒，消极的情感不断积聚，使得他们患上心理疾病。于是他得出结论，潜意识就是心理疾病的根源。然而我们不禁要问，这样的欲望和感觉为什么会进入潜意识？它们为什么要受到压抑呢？答案是：它们受到了意识的摒弃和排斥——这才是问题的所在。人类有潜在的欲望和愤怒，是自然而然的事，本身并不构成问题。只有当意识不愿面对这种情形，不愿承受处理消极情感造成的痛苦，宁可对其视而不见，甚至加以摒弃和排斥时，才导致了心理疾病的产生。

虽然我们常常对潜意识不予理会，但它仍时刻渴望与我们对话，我们的言行足以暴露一切。我们经常说错话，也就是弗洛伊德所说的“说漏嘴”。我们在个人行为上所犯的可笑“错误”，也会揭示出潜意识与我们沟通的渴望。在《日常心理疾病》一书中，弗洛伊德把这一情形看成是潜意识的表现。他在书中使用“精神病理学”的字眼，再次证明他否定了潜意识的积极意义。弗洛伊德把潜意识视为魔鬼，认为是潜意识让我们身处困境。他从不认为潜意识就像是善良的仙女，努力地想让我们变得诚实。事实上，患者不小心说漏嘴，对于治疗通常是有帮助的。患者往往掩饰真相，拒绝承认弱点和不足，患者的潜意识却能挺身而出，站到心理医生一边。它追求的是坦诚、真实和开放，尽可能忠实地交待患者的历史和过去。

不妨再举几个例子。我接触过一位特殊的女性患者，她是个典型的完美主义者。她有时会因遇到问题而感到生气，但她却不肯承认这一点，也不肯把愤怒表达出来。我们约定时间见面，她却一而再、再而三地迟到，虽然可能只是迟到几分钟。我告诉她，这可能是她对我本人感到不满，或是对我的治疗方式感到不满，或是对两者都有意见，所以才故意姗姗来迟。我想以此暗示她真正的心理状态。起初她坚决否认，说她迟到是因为出了小小的意外，她对我本人以及我们的合作都很满意。

次日下午，她给我开了一张支票，作为支付给我的治疗费用。我注意到，这张支票上并没有她的签名。下一次见面时，我对她说起这件事，说她没有认真写好支票，是因为她在生我的气。她说："这实在是可笑啊！我活了这么久，还从没忘记过在支票上签名。"我就把支票拿给她过目。说实话，她总是表现得很节制，这一次却显然受了刺激，忍不住抽泣起来。她说："我到底是出了什么问题？我简直快崩溃了，觉得像是变了一个人。"我坦率地告诉她，她有轻微的精神分裂症状。很快她就痛苦地承认，她的确对我怀有怨恨，因为某种原因一直在生我的气。就这样，她真诚地面对自己的潜意识，治疗便取得了新的进展。

还有一位患者，他认为无论什么时候都不能在家中发脾气，不能对家中任何人发火，甚至不可以流露出恼怒的迹象。当时，他的姐姐正好从外地来看望他，他就顺便对我提起他的姐姐，称赞她“是个讨人喜欢的人”。后来他又提到，他当晚要在家里举行聚会，准备邀请邻居夫妇参加，还包括他“妻子的姐姐”。我提醒他，他刚才把他的亲姐姐说成了“妻子的姐姐”。他似乎满不在乎地说：“你跟我说起过弗洛伊德式的‘说漏嘴’。你大概认为，这就是我说漏了嘴吧？”我告诉他：“你说得对。在潜意识中，你希望参加派对的那个‘姐姐’并不是你的亲姐姐，而是你妻子的姐姐。我想，你不仅不喜欢你的亲姐姐，甚至可能对她恨得要命。”他终于承认说：“其实我倒不是多么恨她，可她的话太多了。今晚肯定又是她的一言堂了，大家都得耐着性子听她唠叨。有时候，她让我尴尬得无地自容。”我对他的治疗，由此有了小小的突破。

人们不经意间说出某些奇怪的话，做出异于平常的举动，原因各种各样，但往往是受到压抑的东西的一种自然流露，其中既包括消极的东西，也包括积极的东西。它们是客观而真实的，尽管我们可能不想公之于众。

我清楚地记得，我曾为一位患者的处境而动容。患者的母亲态度冷漠，对她的管教过分严厉，很少表达关心和体贴。不过患者给我的印象，却是为人成熟，性格爽朗而自信。她找我看病时这样解释：“现在我心情有点儿乱，又恰好有时间，所以我想，接受心理治疗可能对我的成长有好处。”我问起她感到心烦意乱的原因，她说她刚从大学休学，因为她怀孕有五个月了。她不打算结婚，只是隐约地想到，她应该把孩子生下来并送给别人抚养，然后再去欧洲继续学业。我问她是否把怀孕的事告诉了孩子的父亲，她说："是的，我给他写了一封短信。我想让他知道，是因为这个孩子，才有了我们的交往。"其实她真正的意思是：因为她和那个男人的交往，才有了这个孩子。她不经意的言语，显示出她在本质上是个渴望被人关心体贴的女孩。尽管她戴着貌似成熟少妇的面具，但其实她的内心深处并不是表面上那样独立。她渴求母爱，乃至于先让自己成为一个母亲。我没有指出这一点，因为她当时还没有充分的心理准备，去面对自己真实的想法和心情，以及自己对于亲情和爱情的过分依赖。不过她的这次弗洛伊德式的"说漏嘴"，对她的治疗却大有帮助，因为我觉察到她心怀恐惧，需要长期的关心、呵护和照料。

以上三位患者起初都试图隐瞒某些东西，但最终都泄漏了秘密。他们真正想隐瞒的对象不是我，而是他们自己。第一位患者不惜代价，把自己打扮成完美主义者；第二位患者以为自己对家人没有任何不满；最后一位患者则坚信，她自己足以应付困难，不需要依赖任何人。为在复杂的社会上获得生存，找到自己的位置，我们人人都戴上了面具。因此，意识塑造的自我，与潜意识中的自我，有时相差甚远。不过，意识的能力终归有限，常常让真实的自己暴露出来。不管如何掩饰，潜意识都会看清真相。要让心智成熟，我们需要聆听潜意识的声音，让意识中对自己的认识更接近真实的自己。为完成这一任务，我们通常要付出一生的努力。需要指出的是，经过集中的心理治疗，以及某些特殊的辅助手段，我们有可能在短时间内完成这一任务的绝大部分。有些患者甚至可能感觉“重获新生”，激动无比地说：“我变成了一个崭新的人，与过去的我完全不一样！”这就像是前面引述的那首赞美诗的开头：“前我失丧，今被寻回，瞎眼今得看见。”

如果我们把“自己”理解为意识中对自己的认识和定位，那就必须要承认，在我们精神世界中存在着某种比我们自己更睿智的东西，这就是“潜意识的智慧”。之所以引述我的潜意识把患者描述为“小木偶”的案例，是为了证明潜意识不仅在对自己的了解上胜过意识，在对他人的了解上也是如此。事实上，潜意识几乎在一切方面都比意识更加睿智。

我和妻子第一次到新加坡度假，是在天黑后才抵达的。我们离开旅馆外出散步，不久就走到一片面积庞大的空旷地带。我们在黑暗当中，勉强能辨认出两三个街区以外的一个高大建筑物模糊的轮廓。“我很想知道那个建筑是什么。”妻子说。我立刻随意而又绝对肯定地回答：“哦，那是新加坡板球俱乐部。”这句话完全是自发地从我嘴里冒出来的，我立刻就感到后悔了，因为我没有任何依据。我以前从未到过新加坡，也从未见过任何一家板球俱乐部——哪怕在白天。可是让我无比惊奇的是，当我们继续朝前走，并且到达建筑物另一侧时，我们看到了它的正门，入口上方有一个铜匾，上面写着“新加坡板球俱乐部”。

我是如何知道我本不该知道的事情的？一种可能的解释是荣格的“集体潜意识”理论，也就是即便没有亲身经历而获得智慧，我们也可以继承祖先经历并获得的智慧。尽管对于科学而言，这是一种匪夷所思的认识，但奇怪的是，我们总是能够“辨认”出这种智慧的存在。每当我们阅读一本书，碰到一种我们喜欢的想法或理论时，书中内容就会立刻使我们感觉极其熟悉，仿佛引发了我们模糊的回忆。这时候，我们就会“辨认”出智慧的正确性，哪怕我们以前从未思考过相关的理论，或者产生过相关的想法。我之所以使用“辨认”这个词，是因为它带有“再次知道”的意思，似乎我们从前就知道这一事实，只是忘记了而已，所以才能像遇见老朋友一样认出它。所有的知识和智慧，似乎都储存在我们的潜意识里。我们学习某种新东西，实际上只是发现了一直存在于脑海中的某种事物。这个观念，也许通过“教育”（education）这个词的渊源就可以反映出来。Education 源于拉丁语中的 educare，字面意思是“带出来”并且“带领到”。因此我们在教育别人的时候，并不是在把某种新的东西强塞入他们的思维，而是把这种东西从他们思维中引导出来，让它从潜意识进入意识。

那么，这种比我们自己更睿智的东西，其来源是什么呢？我们还不得而知。荣格的“集体潜意识”理论暗示出，我们的智慧来自于对全人类智慧的继承。最近的科学实验，把遗传物质同记忆现象结合起来进行研究，结论证明我们的基因很可能继承了某些知识，并在细胞里以核酸遗传密码的形式储存。信息以化学的形式储存，这一观点使人们意识到，人类思维所获取的信息很可能储存在几立方英寸的大脑物质里。换言之，这种极为复杂的模式，能够使人类积累的知识储存在小小的空间里，并且遗传给下一代。

当然，有很多令人困惑的问题，至今仍旧没有解决。当我们思考这种继承模式的技术层面时——包括它是怎样建立起来的，如何实现同步性等——在人类的思维现象面前，我们仍一如既往地感到无比敬畏。虽然我们的思维时常不承认奇迹的存在，但是，思维本身就是个奇迹。

好运的奇迹

或许我们最终可以凭借高科技，追踪人脑中每个分子的运动轨迹，为潜意识所表现出的奇异智慧提出解释，然而即使这样，我们也仍旧无法理解所谓的“心灵感应”现象。蒙太古·乌曼和斯坦利·克利普纳这两位著名心理学家，曾进行过一系列精心设计的实验，成功证明清醒者可以把头脑中的意象传送给多个房间之外的熟睡者，使该意象出现在后者的睡梦中，并且这一现象是可以重复的。实际上，这种意象的传送并不仅仅出现在实验室中，两个彼此相识的人，确实经常会做意象相同或类似的梦。这一切是怎么发生的，我们无从可知。

但这的确是事实，我们甚至可以通过科学的方法，证明这种现象的存在。我自己曾有过亲身经历。有一天晚上，我做了一个梦，在梦里接连看到了七幅景象。后来，几天前在我家过夜的一个朋友告诉我，那天晚上，他也做了和我相同的梦：他梦见了同样的七幅景象，出现的顺序也完全相同。我们无法解释，为什么会发生这样的事。我和朋友过去的经历毫不相同，却居然在同一天晚上"创造"了几乎相同的梦境，这真是匪夷所思却又值得深思的重要事件。我们一生要接触形形色色的人和物，从数以百万计的意象中任意选择，然后把它们组合成一个梦，而我和我的朋友选中的，竟是相同的七幅景象。按常理，这种概率近乎为零，所以面对这种不可思议的现象，我们确信它绝对不是巧合。

这种现象尽管无法用已知的自然定律解释，却经常会出现，目前被人们称之为"同步原理"。我和朋友都不知道我们为什么会做相似的梦，只知道我们做梦的时间很接近。在这种离奇的现象之中，时间可能是重要的乃至是决定性的因素。我们常常听说，在某次严重的车祸中，总是有某个幸运的家伙，神奇地从撞得稀巴烂的汽车中逃生，而且安然无恙。若说汽车可以借助"直觉"，故意将自己撞成某种形状，以便保护某个乘客，或者说乘客会凭直觉将身体蜷缩成某种姿态，以便适应变形的车辆，这听上去显然过于荒谬。没有任何已知的自然法则可以解释，车辆通过特定的变形适应乘客的身体（事件A），或者说乘客的身体自动适应了车辆的变形（事件B），这样的事件究竟为何会发生。然而，这两个事件之间尽管没有任何因果关系，却不可思议地同步进行，让乘客得以活命。同步原理虽不能解释这其中的原委，却可以明确地显示在这种匪夷所思的事情中，往往都是两个事件同时及时地发生，而不只是其中的一方运气好而已。同步原理无法对奇迹本身做出解释，只能告诉我们，所谓“奇迹”也许只是极平凡的事件，只不过它们与特殊的时机巧妙配合，到了天衣无缝的程度。

两个人做起了相同的梦，这种偶然事件在统计学上几乎是不可能出现的，除非是心灵感应或是超自然现象。所谓“偶然事件”本身的定义就很模糊，大多数心灵感应与超自然现象，其意义或许同样是模糊不清的。尽管如此，某些心灵感应现象的大量出现，却有可能给我们带来好运。换句话说，在某种程度上，它们可能给当事者提供意外的帮助。

一位受人尊重、思想成熟、具有怀疑精神的科学家，曾这样描述他的亲身经历，并与我一起进行分析：“上一次参加完学术会议，我见那天天气很好，就决定沿着湖边的道路开车回家。你知道，沿湖的道路有许多视线不良的弯道。快要接近第 10 个弯道的拐角时，我突然想到，一辆汽车可能从拐角处冲出来，冲向我所在道路的一侧。我没有过多考虑，马上用力踩刹车，让汽车彻底停下来。就在这时，果真有一辆汽车从拐角处猛冲过来，车轮越过了路中间黄色标线 6 英尺的距离。尽管我的汽车原地不动，还是差点儿被撞上。如果我不是果断停车，那么毫无疑问，我们就会在拐角处撞到一起。不知道是什么原因使我决定马上停车。在其他 10 多个拐角处，我可以在任何一个拐角停下来，但是我却没有。以前我也曾多次驾车通过那条路，尽管也想到过撞车的危险，但从未停过车。这也使我很想知道，是否真的存在超感知觉或者别的什么，总之，我没有任何理想的解释。”

这种在统计学上无法解释的巧合，一定程度上可以看作是同步原理的表现，可以是有益的，也可以是有害的。我们听说过死里逃生，也听说过祸不单行。我们对同步原理的科学研究，还存在漏洞和不足，有必要继续进行深入研究。现在，我只能发表个人的“不科学”的看法：现实生活中反复发生的这种在统计学上概率很小的事件，带给我们好处的几率，远比造成破坏的几率大。我所说的“好处”不仅是救人一命，也包括促进心智的成熟，改善生活的质量。心理学大师荣格在《论同步现象》一文中提到过的“圣甲虫之梦”，为我们提供了有益的启示：

> 我举的这个例子，和一位年轻的女患者有关。不管我怎样努力，似乎都难以触及她的心灵本质，问题在于，她似乎无所不知。良好的教育背景，成为她自我掩饰的绝佳武器。不管什么事，她都会有理有据地分析。她的笛卡尔式的逻辑过于精密，几何式的现实观无懈可击，让我的一切努力都变得徒劳。我试图在她那逻辑主义的面具里，掺入一些温情的人性成

> 分，但无任何结果。最后，我只得寄希望于发生某件意外的、不合常理的事情，以便打破她自我封闭的藩篱。我果然等到了这样的机会。有一天，我和她面对面坐着，我的背后是一扇窗户。我专心聆听她滔滔不绝地解释她生活中的种种事件。她说前天晚上做了一个梦，梦见有人送给她一个黄金做的圣甲虫——一件名贵的珠宝。她的话还没有说完，从我背后的窗户那里，突然传来叩击玻璃的声音。我回头一看，原来是只小虫子，它居然想从阳光明媚的室外，爬进光线暗淡的房间里。这真是一种不寻常的现象！我立刻打开窗户，在小虫飞进来时，一把把它抓在手里。仔细一看，原来是一只金龟子，长得和圣甲虫颇为相似，金绿色的外壳，就像是黄金打造的。我把它拿给她看："瞧，这就是你说的圣甲虫。"这次意外事件，对她的冲击是难以想象的，她理性主义的保护伞一下子就被击溃了，抗拒的心理刹那间崩塌。此后对她的治疗，就变得越来越顺利了。

以上谈到的是一些有益的超自然事件，它们都属于serendipity（不期而遇的收获或好运）的范畴。根据《韦氏大辞典》的解释，serendipity的英文原意是："意外发现的有价值或令人喜爱的事物的天赋和才能。"

这个定义值得关注的地方，就是它把"好运"看作是一种天赋和才能，换句话说，有些人具有这种天赋和才能，而有些人则不具备它。我的基本假设之一就是，“意外发现的有价值或令人喜爱的事物”是上天恩典的表现之一，这样的恩典是我们所有人都能触及的，只不过有的人能够把握，有的人却让机会白白溜走。那么，如何果断打开窗户、放甲虫进来、把它拿给患者看，也就是说如何把握住这份恩典呢？事实上，有的人之所以不懂得把握机会，坐视机会的消失，是因为他们没有意识到恩典的存在，也从不知晓某些好运的价值，因此也就从未“意外”发现过令人惊喜的事物。换句话说，人人都有机会与恩典不期而遇，但有的人在恩典降临时不懂得把握。他们对类似的好运不以为然，以为不值得小题大做，结果任凭大好的机遇从身边溜走。

五个月以前，我曾在一座小镇里安排了两次接诊，中间有两个小时的空闲时间。为了打发这段时间，我给住在那里的一个同事打了电话，问他是否可以让我在他家里写作，完成本书第一部分的修订。我在他家里见到了他的妻子——一个性格内向而冷淡的女人。她一向对我爱搭不理，有时甚至怀有敌意。我们尴尬地交谈了大约 5 分钟。在我们短暂的交谈中，她提起了我正在写的书，问我写的是哪方面的内容。我告诉她这本书是关于心智成熟的，除此以外并没有说得更多。

交谈过后，我坐在书房里开始工作。过了不到半个小时，我就陷入了困境。我写的关于责任感的内容，完全无法让我满意。显然，我必须深入而详尽地叙述，才能够使观点更有意义。

不过我感觉到，冗长的论述可能会影响整个内容的流畅性。从另一方面说，我又不想删去全部内容，因为某些观点的论述是必要的。我犹豫不决，苦苦思考了一个多小时，不知道该怎么进行下去，心情也越来越沮丧。无法解决当下的问题，让我感到很无助。

就在这时，同事的妻子悄悄地走进了书房，她显得腼腆而犹豫，不过表情毕恭毕敬，态度也相当温和友善，完全不像以前见过的情形。“斯科特，希望我没有打扰您，”她说，“要是打扰您了，您就告诉我。”我对她说她没有打扰我，我只不过遇到了难题，眼下不知该如何解决。她手里捧着一本薄薄的书，说：“我碰巧看到了这本书，不知为什么，我想它可能对你有用。真的，我也不知道为什么。”我有些恼火，换在平时，我或许会告诉她，我的书本来就多得不得了，我的时间也有限，没空去阅读它。但是她那罕见的谦逊，让我做出了不同的反应。我告诉她，我感激她的好意，会尽可能读一读。我把那本书带回了家。我不知道什么叫“尽可能”，不过那天晚上，似乎有某种东西在提醒我，促使我把其他的书扔到一边，开始阅读她交给我的书。这本书篇幅不长，书名是《人们怎样实现变化》，作者是艾伦·威利斯。书中大部分内容都在讲述责任感，其中有一章还深入讨论了我白天所写的那些我并不满意的内容。第二天早晨，我把部分内容压缩成短小精练的段落，就这样，我的问题解决了。

这并不是一件多么神奇的事，我也没必要对它大张旗鼓地宣扬，甚至可以把这件事完全忽略，因为即使没有这件事，我照样可以修订完这本书。但不管怎么说，我确实得到了上天恩典的惠顾。这个事件本身既是不寻常的，也是寻常的。说它不寻常，是因为在通常情况下，它绝不可能发生；说它寻常，是因为这种对我们有所帮助的事件，时时刻刻都发生在我们身上。它们悄悄地来到我们跟前，敲打着我们意识的房门——就像那只甲虫轻轻撞击着窗户玻璃一样。自从同事的妻子借给我那本书以后，类似的事情在几个月里发生过好多次。它们发生在我的身上，有时候我能够辨认出来，而有时候我虽能够利用它们，却没有意识到它们神奇的本质。当然我也无从知道，有多少次，我白白错过了这样的机遇。

恩典的定义

到目前为止，我已经描述了许多不同的神奇现象，它们都具有以下几条共同点：

第一，它们具有滋养生命、促进心智成熟的作用。

第二，它们的具体作用机制要么仍旧未被人们完全了解（例如在身体抵抗力和梦境的例子中），要么完全不为人知（例如所谓的超自然现象），总之无法用现有的科学理论和已知的自然法则来解释。

第三，它们是人类世界中的普遍现象，在不同的人身上均会反复发生。

第四，尽管它们可能或多或少受到意识影响，但它们的根源位于意识和主观思维之外。

尽管这些现象通常被认为是彼此不同的，但我认为它们都是同一种力量的外在体现，这种力量发源于人类的意识之外，能够滋养人们的心灵，使之获得成长。早在千百年前，人们还没有认识到免疫球蛋白的存在、梦境的状态和潜意识的机制时，这种力量就已经为宗教界所知晓，并被冠以“恩典”的名称。像“奇异恩典，何等甘甜”这样的赞美诗，就是为歌颂它而写下的。

那么，我们作为具有科学思维方式的人，应该怎么对待这种看不见摸不着的力量呢？我们无法去精准地测量它，然而它就在那里。它是真实的。我们是否应该无视它的作用，只因为它不符合传统科学对于“自然法则”的定义？这样的态度很明显是危险的。我认为，如果从理念层面就拒绝承认恩典的存在，我们就不可能彻底理解宇宙本身和人类在宇宙中的地位，以及人类自身的本质。

然而，我们甚至不知道这力量究竟存在于哪里，只知道它并不存在于意识之中。那么，它究竟在哪儿呢？我们探讨过的一些现象，例如梦境，表明它有可能存在于个人的潜意识之中。而另一些现象，例如同步原理和奇迹般的好运，则表明它或许超越了个人精神世界的范畴。宗教人士把它看作是上帝的恩赐，是上帝对世人的爱的具体表现。但是上帝究竟在哪里，他们也没有统一的说法。有的神学理论认为上帝存在于人类之外，也有的认为上帝就是人类精神世界的核心。

之所以我们会遇到这样一个难以回答的问题，首先是因为我们想要确认这力量的位置。人类总是更愿意把事物理解为具有实质的存在。我们把周围的物品分成各种各样的门类：船舶、鞋子、封蜡，等等。当我们遇到不同的现象时，也试图把它们分门别类，给它们下非此即彼的定义。船舶既然是船舶，就不可能是鞋子。我既然是我，就不可能是你。“我”是我的身份，“你”是你的身份，假如我们俩的身份发生了混淆，你我都不会好受。前文已经说过，印度教和佛教的思想家认为，我们对“实体”的认识其实是一种幻觉。现代物理学家们在相对论、波粒二象性、电磁感应等理论面前，也开始意识到我们心目中的实体概念有多么片面。因为我们倾向于把事物认定为某种实体，所以才想弄清楚它们究竟在哪儿，就连像上帝和恩典这样的事物也不例外。

我总是尝试不去把每个人看作是真正的实体，而当我自己的思想局限让我不得不把人们认作（以及描写成）一个个实体时，我会想象这些实体的边界乃是非常具有通透性的——与其说是一堵墙，不如说是一道篱笆，无论是从篱笆顶上还是缝隙里，别的“实体”都可以翻进来或是渗透进来。我们的意识和潜意识之间就是这样彼此渗透的，而二者又都不能说是构成我们精神世界的“实体”。跟20世纪科学概念“渗透膜”的比喻相比，或许14世纪英国诺维奇郡女隐士朱莉安的话更能反映恩典与个人之间的关系:“就像身体包裹在衣服里，血肉包裹在皮肤里，骨骼包裹在血肉里，心脏包裹在胸腔一样，我们的心灵和身体包裹在上帝的慈善之中。衣服、血肉、骨骼和心脏都会衰朽，而上帝的慈善却永远保持完整。”

不管我们如何定义和描述它们，上面所说的那些“奇迹”都证明，我们的心智成熟会受到某种意识之外的力量帮助。为了进一步理解这种力量的本质，让我们来看看另一项奇迹：地球生命作为一个整体的成长与发育，也就是我们通常所说的进化。

进化的奇迹

本书的主题并非探讨进化，但涉及的内容无不与进化有关。心智的成熟就是个人精神世界的进化模式。我们的肉体可能随着生命周期而改变，不过它早已停止了进化的历程，不会产生新的生理模式。随着年龄的增长，肉体的衰老是不可避免的结果，但在人的一生中，心灵却可以不断进化，乃至发生根本性的改变。换句话说，心灵可以始终生长发育下去，其能力可以与日俱增，直到死亡为止。在我们的一生中，心灵获得成长的机会无穷无尽，而且没有任何限制。本书的侧重点是心灵的进化与成熟。考虑到生物进化的历程与之极为相似，我们不妨把它作为参考模式，进一步了解心灵成长与恩典的意义。

生物进化的过程乃是莫大的奇迹。依照我们对宇宙的认识，进化过程本来并不可能发生。按照热力学第二定律，能量会自然地从有序状态流向混乱状态，从分化状态流向均一状态。换句话说，宇宙的秩序处于持续不断的崩解之中。通常，我们以“水往低处流”来描述这一过程。想使这一过程逆转，就必须借助水泵、水闸、水桶提水等方式，使它回到原来的状态，使水从低处流向高处，也就是说，使这一过程发生逆转的力量，必须来自别处。为维持某处的秩序保持不变，必须以其他地方的秩序崩解为代价。这样下去，经过数十亿年时间，整个宇宙会完全分解，其秩序降至最低点，成为没有任何形状和结构、不再发生分化的死寂状态，这种没有秩序、不再发生分化的状态，我们称之为“熵”。

能量自然地从高处流向低处，使熵不断增加，这种自然倾向或许可以称为熵的力量。进化过程是与熵的力量彼此抵触的，是由低向高的发展。在进化过程中，生命变得越来越复杂，越来越有序。病毒是一种极其简单的有机体，仅仅比单独的分子稍稍复杂一点儿；进化到细菌，其结构要更为复杂严密，已经有了细胞壁、内部结构和新陈代谢功能；进化到草履虫，就有了细胞核、纤毛和基本的消化系统；海绵则不仅拥有多个细胞，而且细胞性质各不相同，彼此依存；到了昆虫和鱼类，不只有神经系统和复杂的运动方式，甚至还形成了社会组织。从病毒到昆虫和鱼类，生物在进化过程中不断复杂化，走向高度分化的有序状态。而当这一过程发展到人类，已经形成了极其复杂的思维和行为模式，人类由此高居进化阶梯的顶层。说进化过程是奇迹，是因为它显然违反熵增的自然规律。不夸张地说，如果按已知的科学定律去理解，那么不管是本书的作者还是读者，根本就不应该存在于这个世界上。

进化过程可以画成一座金字塔，结构最复杂但数量最少的有机生命体——人类——处于金字塔的顶端，数量最多但结构最简单的有机体——病毒——处于金字塔的底部，如下图所示：

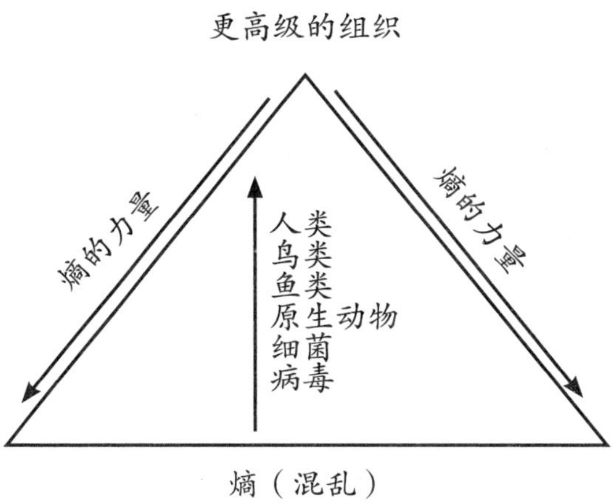

从图中可以清楚地看出，进化的力量与熵的力量方向完全相反。在金字塔内部，我用竖直向上的箭头标出了这种“反自然”的力量。既然这种力量在数十亿年来战胜了目前所谓的“自然法则”，让生命发展到了如此复杂有序的高度，就说明它本身必然也是客观存在的，是自然法则的一部分。

人类的心灵进化，也可以画成类似的金字塔图形，如下图所示：

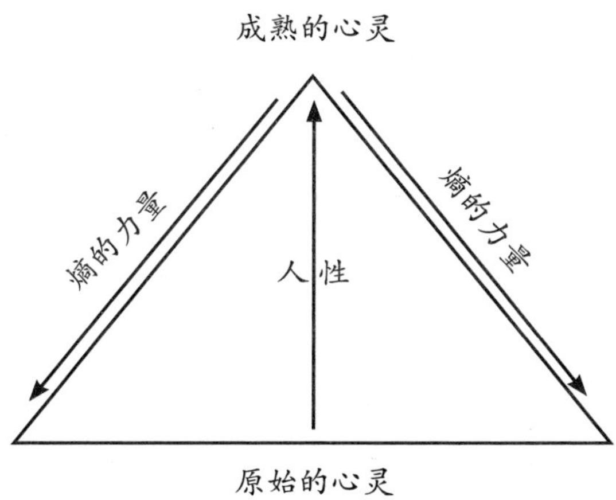

我再强调一次，心灵的成长、心智的成熟需要不断努力，而且必然是艰苦的过程，它必须与自然法则对抗，必须跟循规蹈矩的自然倾向背道而驰。但遗憾的是，我们却习惯于保持原状，热衷于使用陈旧的地图与陈旧的方法；我们习惯于走平坦的道路，害怕道路上荆棘遍布。在反抗自然法则的过程中，心灵需要同熵的力量对抗，就如同生物进化一样，我们的心灵克服了熵的力量，才一直成长到今天。尽管我们遭遇到各种阻力，尽管不是人人都能坚持，然而，我们的心灵还是逐渐变得成熟而健康。我们免不了要吃苦头，但相当多的人仍可实现自我拓展和自我完善，这推动了文化和社会的不断进步。我们身后有一种力量，一种无可名状的力量，它使我们宁愿忍受痛苦，选择艰难的旅途，使我们敢于穿越荆棘，趟过泥泞，走向更美好的人生境界。

心灵进化的金字塔适用于每一个人。我们的心灵渴望成长，但我们必须积极行动、克服阻力，才能实现目标。它也同样适用于整个人类，只有每个人心灵的进化，才能带动全人类的进化。童年时期，我们接受自身文化环境的滋养，到成年时期，我们可以将得到的滋养回馈给整个社会。心智成熟的人可使自己受益，也会把创造的果实奉献给人类。个人的进化与社会的进化息息相关，这是人类进化的本质。

不过，对于人类进步的梦想，有的人却感到怀疑和失望，在他们看来，人类世界其实没有取得多大进步。他们从不认为人类的心灵处在成长之中。他们说这似乎不符合事实，因为世上到处都是战争、贪污和污染，世界局势益发混乱糟糕，既然如此，有理性的人怎么还会认为人类正不断走向文明和进步呢？而这正是我想加以解释的。我们产生幻灭感，是因为我们对世界的期望远远高于上一代人。今天令人无法容忍的行为，昨天还被视为理所当然。以本书探讨的一个重要题目为例，父母有义务促进子女心智的成熟，这在今天绝不会被认为是异端邪说，但在几百年前却根本没人给予关注。尽管今天的父母们仍旧有许多缺点，不过我相信，和以前的父母相比，他们教育子女的水准已经高出了很多。我最近读到一篇关于教育子女的文章，文章写道：

> 罗马法律规定，父亲对子女有绝对的控制权。父亲可以出售子女，也可以将他们处死。父亲作为绝对

> 权威的观念，后来被写入英国的法律，且原封不动地沿用到 14 世纪。中世纪时期，人们的童年完全不像现在认为的那样美好。孩子到了 7 岁，就要被送出去当奴仆或学徒。和他们的劳动相比，学习排在其次，他们的作用就是充当行业师傅的奴仆，孩子和仆人的待遇基本上没有区别，对其称呼的措辞也很难区分。直到 16 世纪，年幼的孩子才开始受到重视，社会承认他们要经历特殊的成长过程，值得父母关爱。

归根结底，推动个人乃至整个物种克服懒惰和其他自然阻力的力量究竟是什么呢？其实我们已经给它取了名字，那就是“爱”。我们之所以能够成长，在于持续的努力；我们之所以能够付出努力，是因为懂得自尊自爱。对自己的爱使我们愿意接受自律，对别人的爱让我们帮助他们去自我完善。自我完善的爱，是一种典型的进化行为，具有生生不息的特征。在生物世界中，存在着永久而普遍的进化力量，体现在人类身上，就是具有人性的爱。它违反熵增的自然规律，是一种永远走向进步的神奇的力量。

开始与结束

我们在前文中曾经提出这样一个问题：爱究竟来自哪里？

如果加上我们对恩典来源的迷茫，就可以把它扩充成一个更基本的问题：进化的力量究竟来自哪里？爱是有意识的，恩典则不是。那么，这种“发自人类意识之外，为人们心智成熟提供滋养的强大力量”，又是从何而来呢？

对这一问题，我们无法像解释面粉、钢铁和蛆虫的来源那样，从传统科学的角度来回答，因为问题所涉及到的力量实在太基础了，以至于目前的科学还无法解释。这并不是目前科学无法解释的唯一一种基础性概念。我们真的知道电究竟是什么东西吗？知道能量究竟从哪里来吗？知道宇宙的起源吗？或许有一天，随着科学思想的深入发展，我们将能解答这些基础性问题。在那一天到来之前，我们只能凭猜测提出各种各样的假设。

为了解释恩典与进化的奇迹，我们假设上帝不仅存在，而且是爱我们、愿意让我们成长的。在许多人看来，这样的假设实在是过于简单了，简直像童话故事一样天真。然而，我们还有什么别的解释呢？因为无法解释就忽略显而易见的事实，绝不是正确的态度。我们不能通过回避问题来得到答案。尽管关于上帝的假设确实很简单，但是迄今为止，还没有人能在深思熟虑的基础上提出更合理的假设。所以至少在目前，我们要么接受“充满爱的上帝”这个假设，要么就只能面临信仰的真空。

而如果我们仔细思考的话，就会发现“充满爱的上帝”这个假设本身尽管简单，但却给我们带来了更多的难题。

如果我们认为爱与成长的动力都是上帝赐予我们的，那么，这又是为什么呢？为什么上帝想要我们成长？我们成长的方向是什么？成长的终极目标又是什么？上帝究竟想让我们怎么样？我并不想在这里讨论具体的神学理论，只说我的理解：如果我们认为上帝是充满爱的，那么最终会得出这样的结论——上帝想让我们成为他自己（或是她自己，它自己）。我们成长的方向就是变成上帝。上帝不仅是推动进化的力量，而且是进化本身的目标。神学典籍里“上帝既是开始又是结束”的说法，含义就在于此。

这一结论其实已经有很悠久的历史了，但它一直让我们感到恐惧，让千百万人们不敢面对。从来没有别的结论能像它一样，赋予我们如此沉重的负担了。这是人类历史上最令我们难以接受的观念，不是因为它太难理解——没有什么比它更容易理解的了——而是因为如果我们相信它，就必须要为它付出我们所能付出的一切。这跟相信上帝高高凌驾于我们之上，从我们永远无法到达的位置照看我们完全不同。我们需要达到上帝的位置，拥有上帝的力量与智慧，真正获得上帝的身份。如果我们相信这是可能的，就需要努力尝试把可能性变为现实。但我们不想做出这样的努力，不想负担只有上帝才能负担的责任，不想无休止地思考。如果我们能说服自己相信，上帝的位置是我们自己永远无法达到的，那我们就不必再担心自己心智成熟的问题了，也用不着追求更高层次的觉醒和爱，只要放松下来，做普普通通的凡人就好。如果上帝总是待在天堂，而我们永远处于凡间，彼此间不可能有交集的话，那我们就可以把宇宙发展和生物进化的责任统统丢给上帝，而我们自己只要让自己过得舒舒服服，让子孙后代健康快乐就够了——光达到这些目的就已经不容易了。然而，一旦我们相信凡人真的有可能成为上帝，就会永无宁日，因为我们不可能说出“好了，我的任务已经完成了，用不着再辛苦工作了”这样的话。我们必须要不停地追求更高层次的智慧与能力，追求无止境的自我完善和心智成熟，去肩负上帝的责任。难怪我们是如此强烈地拒绝相信这一可能性。

承认上帝滋养我们的目的，是为了让我们也成长为跟他/她/它一样的存在，这就需要我们面对自己的懒惰。

熵与原罪

这本书讲述的是心智的成熟，自然免不了要涉及同一枚硬币的反面：阻碍心智成熟的障碍。最大的障碍就是懒惰，只要克服懒惰，其他阻力都能迎刃而解；如果无法克服懒惰，不论其他条件如何完善，我们都无法取得成功。所以，懒惰也是本书一大主题。我已经说过，我们总是逃避必要的痛苦，惯于选择平坦的道路，这是我们的惰性使然。谈到爱的时候我也强调过，不少人的爱是虚假的爱，因为他们不想承受自我拓展和自我完善的痛苦。懒惰是爱的对立面。心智的成熟需要通过努力来实现。现在，我们要探讨懒惰的本质。简单地说，懒惰是人生中的一种可怕的消极力量。

许多年来，我一直认为，基督教所谓“原罪”的概念没有任何实质意义，只能让人倒胃口。比如，我向来认为，性爱和原罪没有什么关系。就我本人而言，性爱跟我的其他嗜好同样无辜。假如我放纵自己，尽情享受美味佳肴，事后顶多是消化不良，为此吃些苦头而已，我却不认为自己有罪。我知道人世间充斥着罪恶、欺骗、偏见、折磨与残暴，可是我在婴儿们身上，看不出他们有什么与生俱来的罪过。我也绝不认为，仅仅因为祖先偷吃善恶树的果实，每个孩子就应该跟着遭殃，世世代代都要受到诅咒。不过后来我慢慢注意到，人们的懒惰其实无处不在。为帮助患者们的心智获得成熟，我做过各种努力，发现最大的敌人就是懒惰。而我在自己身上也看到了懒惰作祟的痕迹，它阻止我实现自我完善，承担更多的责任。我和别人的共同特征之一就是无法摆脱懒惰，就这一点而言，伊甸园中的蛇和苹果的故事，突然具有了特殊的意义。

《圣经》的故事也许遗漏了最重要的部分。《圣经》让我们知道，上帝有一种习惯：他喜欢黄昏时到伊甸园散步，他和人类的沟通是开放的。既然如此，经受蛇的蛊惑而偷吃苹果的亚当和夏娃，为什么不坦率地告诉上帝：“我们很想知道您为什么不让我们去吃善恶树的果实。我们喜欢伊甸园，对它充满感激，可是我们无法理解您的规定。我们为什么不可以吃善恶树的果实呢？您能给我们解释一下吗？”他们显然没有这样做，而是盲目地触犯了天条。他们不了解上帝的规定，也没有试着向上帝提出疑问，去质疑上帝的权威和观念。而且，他们没有从成年人的理性立场出发，与上帝进行起码的沟通，就听信了蛇的话。在偷吃果实之前，乃至在遭到惩罚之后，他们都没有聆听上帝的心声，让上帝给出明确的说法。

这是为什么？为什么他们受到诱惑就马上行动，却没有采取某种缓冲性的步骤呢？这一步骤的缺少，就构成了原罪的本质。这一步骤的内容本应是他们跟蛇与上帝的辩论。亚当和夏娃本可携起手，当着上帝和蛇的面，在彼此间掀起一场大辩论。既然他们没有这样做，也就无从知道上帝的立场。也许上帝和蛇之间的辩论尤为重要，象征着人类心灵的善恶之争。我们回避内心的善恶论辩，就产生了许多构成原罪的邪恶行为。在这种情况下，即使我们想权衡某种行为是否得当，斟酌某种选择是否明智，也无法判断上帝的立场和标准，因为我们没有聆听自己内心的上帝——与生俱来的正义感——的声音。我们的失败应归咎于懒惰。完成心灵的论辩需要努力，需要时间，需要坚强的意志。假如我们聆听内心中上帝的声音，就会得到这样的指令：我们需要选择相对艰难的道路。如果要走完这样的道路，我们就要付出更多的时间，经受更多的痛苦。这当然使我们产生恐惧，从而想要逃避痛苦——就像亚当和夏娃以及其他先祖一样。就这一方面而言，从古到今，我们人类莫不是懒惰者。

是的，我们身上确有一种原罪：懒惰。人人都有这种原罪，包括婴儿、儿童、青少年、成年人和老者，包括聪明的人和愚蠢的人，包括健康人和残疾人。也许有些人不算过分懒惰，但在本质上，所有人都是懒惰的，只是程度不同而已。不管我们精力多么旺盛，野心多么炽烈，智慧多么过人，只要深入反省，就会发现自身懒惰的一面，它是我们内心中熵的力量。在心灵进化的过程中，它始终与我们对抗，阻止我们的心智走向成熟。

你或许会不以为然地说："我不同意你的话。我觉得自己一点儿也不懒惰。我每周工作 60 个钟头，每天晚上还要加班，甚至周末也不休息。尽管我累得要命，可还是强打精神，陪妻子出门购物，带孩子参观动物园，帮他们做好家务事。我的人生似乎只有一个主题，那就是忙！忙！忙！"倘若果真如此，我的确应该对你表示同情，可我仍想指出，只要用心观察，你一定可以看到自己的懒惰之处。懒惰与你花多少时间工作，如何对别人尽职尽责没有多少关系。懒惰的一个主要特征就是恐惧感。为了说明这个问题，不妨再次引用亚当和夏娃的神话。有人认为，亚当和夏娃没有去问上帝为什么制定法律，不允许他们偷吃苹果，其原因不是因为亚当和夏娃天生懒惰，而是他们内心的恐惧。他们不敢面对令人生畏的上帝，害怕上帝大发雷霆。

并非所有恐惧都等于懒惰，但大部分恐惧确与懒惰有关。我曾指出，人们总是觉得新的信息是有威胁的，因为如果新信息属实，他们就需要做大量的辛苦工作，修改关于现实的地图。他们会本能地避免这种情形的发生，宁可同新的信息较量，也不想吸收它们。他们抗拒现实的动机，固然源于恐惧，但恐惧的基础却是懒惰。他们懒得去做大量的辛苦工作。

在有关爱的内容里，我曾提到自我完善意味着接受新的责任，做出新的承诺，发展新的关系，达到新的层次，经受更大的风险。现在我们可以认为，我们其实是害怕失去当前的地位或角色，所以才害怕转换成新的角色，达到新的地位。我们害怕改变现状，害怕失去目前拥有的一切。亚当和夏娃不敢询问上帝，完全可能是出于恐惧。他们害怕一旦去质疑上帝，就可能发生更大的不测。因此，他们宁可选择一条简单的出路，一条不做正面对峙，而是默默绕开的、不合理的“捷径”。这样一来，他们得到的是没有多少用处的认知。他们希望仅凭现有的认知，就可以平安地生活下去。质疑上帝或许会给人类带来麻烦，但《圣经》这则故事却告诉我们，我们必须面对自己的责任，做好属于自己的工作。

想必心理医生对此最有体会。患者向心理医生求助，是为了寻求某种改变，而他们其实对改变恐惧得要命，害怕不得不吃各种苦头。这种恐惧感，或者说懒惰，使 90% 的患者在康复前就会忙不迭地退出治疗。有趣的是，这种临阵脱逃的情况大多出现在最初几次治疗中，或是在治疗之初的几个月。相当多的已婚患者，在最初几次治疗之后，就意识到其婚姻危机重重，若想使心灵恢复健康，只有通过协议离婚，或是进行极为艰苦的自我治疗，重新构建理想的婚姻。有的患者在去看心理医生之前，就已经意识到了症结所在。他们接受治疗，只是为了确认早已意识到的可怕的人生现实。不管是哪一种情况，他们总是害怕面对困难，例如不得不独自生活，或者不得不花几个月乃至几年时间与伴侣一起努力克服重重困难，以便改善婚姻状况。恐惧感使他们常常半途而废，有时是在两三次治疗之后，有时是在 10 次或 20 次治疗之后。他们打算中止治疗时，往往会编造这样的借口："我们原以为有足够的钱来治疗，但实际上我们想错了。"他们有时也会坦言："我害怕治疗。我害怕不得不做出更多的努力，才能挽救当前的婚姻。我知道这是临阵脱逃。或许有一天我会有足够的勇气，继续到您这里接受治疗。"总而言之，他们宁可维持可怜的现状，也不想通过努力摆脱困境。

在心理治疗初期，对于"懒惰"这一病因，患者可能一无所知。他们也可能承认："我和别人一样，有时当然不免偷偷懒。"其实他们懒惰的程度，已经超出常人的想象。懒惰就像魔鬼一般狡诈，让人们不仅擅长伪装和欺骗，还会想方设法让懒惰变得合情合理。哪怕患者的意识已成熟到一定程度，也未必有能力去了解懒惰的本质，并与之进行对抗。假使他们有机会进入某个领域，获取某种新的知识，就很容易出现懒惰的情绪并产生恐惧。他们可能说："我听说有很多人涉足过这一治疗领域，但最后也没修成正果。""我认识一个接受过心理治疗的人，不过他始终是个酒鬼，后来还自杀了。"或者是"难道你想让我改头换面，变得跟你一模一样吗？这可不是心理医生该做的事。"诸如此类的回答，都是患者（学生）逃避治疗（学习）的遁词，他们为懒惰寻找借口。他们要欺骗的人，与其说是心理医生（教师），不如说是他们自己。要解决这个问题，首先要承认懒惰的存在，认清懒惰的本质。

一个人的心智越是成熟，就越是能察觉到自身的懒惰；越是自我反省，就越是能找到懒惰的痕迹。就我个人而言，在追求心智成熟的过程中，我越是接近事实真相，就越是感到懒惰在作祟，而我有可能获得的最新启示随时都会从身边溜走。有时候，当我即将获得建设性的思路时，脚步竟会突然停止，或不由自主地变得迟缓起来。我相信，某些极有价值的想法很可能在不知不觉中消失，让我忙碌了半天，最终功亏一篑。为改变这种情况，我一旦发现自己放慢了脚步，就会强迫自己加快步伐，朝着自己认定的方向大步迈进。与熵的对抗是永恒的战斗。

我们的心中都有一个病态的自己和一个健康的自己。即便内心充满恐惧，性情无比固执，我们的身体里仍有一部分神奇的力量——也许这力量并不强大，但它是积极的，它推动着我们心智的成熟。它喜欢改变和进步，向往新的、未知的领域。它愿意做好属于自己的工作，甘愿冒心智成熟带来的一切风险。与此同时，不管我们表面看上去多么健康，心灵进化到了怎样的程度，我们的身体里也始终有另一部分力量——它可能同样不算强大，它不想让我们付出任何辛苦。它坚守熟悉的、陈旧的过去，害怕任何改变和努力。它只想不惜代价地享受舒适，逃避痛苦，宁愿为此付出“无效”“停滞”乃至“退化”的代价。在我们某些人的身体当中，健康的力量也许小得可怜，完全被庞大的病态力量带来的懒惰和恐惧所控制。另一些人心中居于主导地位的则是健康的力量，总是热切地渴望进步和完善，追求达到神性的高度。需要指出的是，健康的力量必须时刻提防懒惰的病态的力量，后者始终潜伏在我们的身体中。我们都是平等的，人人都有两个自己：一个是病态的，一个是健康的；一个走向生存，一个走向死亡。我们每一个人，其实都足以代表整个人类。在每一个人的身体中，都拥有向往神性的本能，都有达到完美境界的欲望，同时也都有懒惰的原罪。无所不在的熵的力量，试图把我们推回到人类进化的初期——那里有我们的幼年，有母亲的子宫，还有荒凉的原始沼泽。

邪恶的问题

在我看来，懒惰就是原罪，常常通过心理疾病而得以呈现。在这种情况下，懒惰无疑是魔鬼的化身，体现出我们内心邪恶的一面。为了把这一结论解释得更清楚，我需要对邪恶的本质加以探讨。在有关神学的问题中，邪恶的重要性恐怕可以占据首位。正如对待其他宗教问题一样，在大多数情况下，心理学界不承认邪恶的存在。事实上，心理学界对懒惰和恐惧所作的研究，对于研究“邪恶”已做出了相当大的贡献。我希望以后有机会专门撰写其他著作，深入讨论“邪恶”这一题目，不过，我还是想在此提出我的基本看法：

首先，我相信邪恶是真实存在的，它并非原始宗教为解释某些不可知现象而凭空捏造的一种概念。世界上的确有一些人或组织，他们仇视一切善良的行为，尽可能地去摧毁公平和正义。他们这样做，不是出于有意识的信念，而在于其意识极度无知而盲目，对自己的邪恶并不自知。说得更准确一些，他们不想了解自己行为的本质。这种情形正如宗教文学对于魔鬼的描写——魔鬼本能地憎恨光明，它们逃避光明，也企图消灭光明。

邪恶的人憎恨光明，因为光明会让他们看清自身邪恶的本质。他们憎恨善良，善良会凸显他们的罪恶；他们憎恨真正的爱，爱会放大他们的懒惰。他们竭力摧毁光明、善良和爱，以此逃避面对觉醒和良知的痛苦。所以，我的第二个结论是：所谓邪恶，就是为所欲为、横行霸道式的懒惰。

爱是懒惰的对立面。一般意义上的懒惰，无非是消极地失去爱的能力。有些懒惰者只要举手之劳就能走出困境，实现自我拓展和自我完善。但是除非他们受到强迫，不然的话，他们宁愿保持现状。这样的人，即便不能去爱别人，至少也算不上邪恶。真正的邪恶者却主动逃避自我拓展和自我完善，捍卫自己的懒惰，保持病态的自我。他们从不关心别人的心智成熟，甚至百般阻挠和破坏，宁可把对方伤害得体无完肤。他们病态的自我，无法容忍健康的心灵。他们一旦感受到健康心灵带来的威胁，就会尽可能予以破坏。因此，关于“邪恶”，我们可以给出这样的定义：邪恶是运用一切影响力阻止他人心智成熟与自我完善的行为。一般意义的懒惰，只是对自己和他人缺少爱，而邪恶则视爱为仇敌，与真正的爱完全对立。

第三个结论是：至少到目前人类进化的这一阶段，邪恶是不可避免的。人的心灵具有熵的力量，人类也拥有自由的意志。基于这两点考虑，我相信有的人能够控制自身的懒惰，有的人则无能为力。熵的进化与爱的进化，是两种对立的力量。在某些人身上，它们可以获得平衡，在其他人身上，它们却势不两立，这些都是正常现象。而爱的力量和熵的力量在不同的人身上各占主导地位后，这些人必然彼此对立和敌视，正所谓“正邪不能两立”。

我的最后一条结论是：熵是一种强大的力量，是人性极恶的体现。但是，熵不是一呼百应的领袖，无法集中起大多数人的力量。邪恶的阴影无处不在，譬如有的犯罪分子四处出击，在短短的时间内，就会残忍地伤害数十名无辜儿童的生命。然而在人类进化的巨大框架中，邪恶永远处于弱势地位，它每伤害一个心灵，就会有更多的正义感被唤醒，更多的心灵获得解放。邪恶自身不自觉地发出警告，使别人远离它的陷阱。对于邪恶的肆无忌惮，大多数人都会感到厌恶。觉察到邪恶的存在，人们就更容易产生自我完善的意愿。邪恶之手曾把耶稣送上十字架，结果却使人们从很远的地方就能看到耶稣的身影，从此团结一心，纷纷加入对抗邪恶的战斗，邪恶本身也由此成为推动人类心智成熟的一种有效方式。

意识的进化

“观察”和“认知”这两个字眼，几乎贯穿本书始终。以邪恶为目标的人，总是拒绝观察事实真相，而心智成熟的人，却能深刻地意识到懒惰的存在。尽管如此，对自己的信仰和世界观，一般人却无知无觉。要使心智获得成熟，必须认清自己的偏见和局限。我们经由爱、包容和关怀，可以渐渐了解自己，了解所爱的人和整个世界。自我了解最重要的意义之一，就是认清我们的责任和决策的能力，我们将精神世界的这一部分内容称为“意识”。所以，心智的成熟也可界定为“意识的成长”，或是“意识的进化”。

“有意识的”（conscious）这个词来自拉丁文中的前缀con和单词scire，前者意为“经由”，后者意为“知道”。“有意识的”意思就是“经由……知道……”。那么，我们到底“经由”什么？又去“了解和知道”什么呢？之前曾经提到过一个事实：我们的潜意识里蕴含着非凡的知识，潜意识知道的事情永远比意识多得多。我们获得一项真理，得到一种启示，不过是重新认识潜意识里原本存在的事情。获得新的真理和启示，其实是意识和潜意识达成一致，获得了共同的认识。意识的成长与进步，意味着它开始认同潜意识所熟知的一切，此时意识与潜意识逐渐融合——心理医生最清楚这种观念，因为心理治疗的过程，就是使潜意识层面的内容浮现到意识层面的过程。换句话说，心理医生的职责，就是扩大患者的意识领域，使其范围和方向与潜意识领域更为接近。

那么，为什么潜意识如此“渊博”，能够知道意识不知道的诸多事情呢？也许这个问题也太过“基础”了，我们还未找到科学的答案，暂时只能提出假设。在我看来，最令人满意的假设是：我们每个人的心灵深处，都有一个跟我们极为亲密的上帝，亲密到他本来就是我们自身的一部分。要获得恩典，我们就必须见到上帝，而最接近上帝的地方就是我们自己的心灵。想达到崇高的精神境界，就应经常自我反思。上帝与我们之间的界面，相当于潜意识与意识之间的界面。简而言之，我们的潜意识就是上帝，我们内心的上帝。我们是上帝的一部分，上帝一直与我们同在，无论现在还是未来。

也许你可能会问：“这怎么可能呢？”有些人或许认为，把自己的潜意识看成上帝，简直是大逆不道。可是他们应该想到，即便是最虔诚的基督教徒，也应该记得基督教的信仰之一——上帝就在信徒的心中。这与上面的说法本质上完全相符。要更好地理解上帝和人的关系，不妨把潜意识假想成是埋藏在地下的广阔根系，意识则是地面上矮小的枝干，吸收潜意识供给的养分。这个比喻来自荣格，他曾说过：

> 我一直认为，生命就像是一种植物，依赖地下的根系供给养分。真正的生命隐藏在根系里。我们看到的地面以上的部分只能存活一个夏季，然后会归于枯萎——它的生命何其短暂！生命和文明永远更迭交替，这使我们感到一切都是一场虚空。但是，我也始终有这样的感觉：在永不停歇的变化之中，总有一种东西存活在我们脚下，我们只看到花开花落，而生命的树根却岿然不动，万古长青。

荣格没有直言上帝存在于人的潜意识中，不过他上面的说法，却显然印证了这一点。他把潜意识分为两种：一种是浅层次、个人化的潜意识；另一种是深层次、属于全人类的集体潜意识。在我看来，集体潜意识就是上帝，意识则属于个体，而个体潜意识是两者之间的界面——上帝的意志与个人意志较量的战场。战场上随时都可能发生冲突和骚乱，出现彼此搏杀的场面。潜意识是温和的、充满爱的领域，我相信这是事实。梦却不一样。梦包含温和的信息，却也不乏大量冲突的信号。它们可能带来良性的自我完善，但也可能带来极其混乱的梦魇。

不少科学家认为，潜意识里隐藏着某种狂暴状态，这种状态就是心理疾病的根源，似乎潜意识是心理疾病的罪魁祸首。心理疾病的表现症状，就像潜伏在地下的魔鬼突然现身，因此才使人们在一夜之间精神错乱，犹如中了魔怔。实际上，意识是精神病理学探讨的重心，所有的心理疾病，其实是意识出了问题所致。我们之所以生病，正是意识抗拒潜意识的智慧的结果——意识患了疾病，潜意识想给它进行治疗，意识就会与之发生冲突。心理疾病是意识背离上帝的结果，而所谓上帝就是我们的潜意识。

心智成熟的终极目标是天人合一，即个人与上帝应当具有相同程度的认识。既然潜意识就是上帝，我们不妨这样界定心智成熟的目标：使意识达到上帝的境界，使我们整个人完全成为上帝。那么，这是否意味着我们应该努力让意识与潜意识完全融合，最后只剩下潜意识呢？答案是否定的，我们的目标是一方面成为上帝，一方面仍需保留意识。不妨这样假设：在潜意识的“树根”的基础上，如果我们能让意识萌生出丰硕的果实，并最终使我们成为上帝的话，那就意味着上帝可以拥有另外一种生命形式，这就是我们自己。这也是生命的意义和价值所在。作为有意识的自己，我们生来注定要面对这一事实：我们可以不断成长，成长为具有上帝属性的一种崭新的生命形式。

我们的意识具有罕见的强大力量。它掌管生命的一切行动，负责做出决定，并把决定付诸实施。假如只有潜意识而没有意识，我们的生命就像新生的婴儿，即使心灵可以实现“天人合一”，我们仍无法采取任何主动行动，也无法让他人感觉到上帝的存在。在印度教和佛教的思想中，存在着一种容易使人走向退化的特质——它们把没有自我界限的婴儿阶段比做“涅槃”，进入“涅槃”就如同返回母亲的子宫。我提出的神学思想则与之相反：我们的目标不是要变成牺牲自我、最后只剩下潜意识的婴儿，而是培养出成熟、自觉的自我，进而发展成神性的自我。

有自主行动能力的成年人，可以独立做出影响他人和世界的选择。这种成熟而自由的意识，可以使我们和心灵的上帝达成一致。这样，上帝就会经由我们的意识，获得强有力的崭新的生命形式。我们可以成为上帝的左膀右臂，成为他的全权代理人。另外，我们也能有意识地做出选择，按照上帝的意愿来影响世界和他人，因此，我们的一举一动都会成为“神迹”。我们代替上帝为人类服务，去播洒爱的雨露，在没有爱的地方创造爱。我们可以让同胞们产生和我们相同的认知，进而推动整个人类的进步。

力量的本质

现在，我们可以了解所谓“力量”的本质了。这是一个很容易被误解的题目。导致误解的一个原因在于：世界上存在两种力量——政治的力量和心灵的力量。许多宗教神话都试图对二者进行明确区分，例如在释迦牟尼出生前，预言家就告诉他的父亲：释迦牟尼长大后，要么成为最强大的国王，要么成为一无所有的穷人，同时也是最伟大的、妇孺皆知的心灵导师。他只能成为二者之一，却不可能二者兼具。耶稣则从撒旦那里得到这样的许诺：归顺撒旦，他就可以统治整个世界，并享受作为统治者的最大荣誉。耶稣最终拒绝了这种诱惑，他选择了死亡，被钉在十字架上，显得那样软弱无力。

政治的力量，就是以公开或隐秘的方式，去强迫别人遵循自己的意愿。这种力量既存在于权力之中（比如国王的身份或者总统的职位），也存在于金钱之中，然而，它并不属于拥有权力或者金钱的人。归根到底，政治的力量和德行以及智慧无关，最愚蠢、最邪恶的人，也可能成为地球的统治者。而心灵的力量则完全存在于人类心中，它和强迫、控制别人的力量没有关系。拥有强大心灵力量的人，完全可能是拥有万贯家财的富翁，也可能占据着领导者的地位；他们同样可能是穷人，没有任何政治权力。既然心灵的力量不是控制别人的力量，那么它究竟是怎样的一种力量呢？简而言之，它是在意识基础上做出决定的力量，亦即意识的力量。

我们做出决定时，有时甚至不知道自己在做什么；我们采取某种行动，却不了解自己的真实动机；我们也无法看清，自己的选择会造成什么结果。比如说，当我们感情用事，轻率地拒绝某位客户的要求时，我们真的了解自己是在做什么吗？又如，我们可能不问青红皂白就动手打自己的孩子；我们对部下颐指气使，随意予以升迁或者降职；我们瞒着配偶，和别的异性眉来眼去，打情骂俏——这时候的我们，果真有着足够的自知之明吗？从政的人都知道，天下诸事难遂人愿，命运总是喜欢同我们开玩笑。有时候，我们充满善意地忙忙碌碌，结果却适得其反；而某个动机不纯的人，实施居心叵测的个人计划，但结果反倒颇具建设性。

我们教育子女，也会出现类似的情形。既然如此，我们究竟应该“反其道而行之”，为了非正当的目标而四处行善，还是应当为了正义的目标硬着头皮去做坏事呢？世道难测，我们感觉胸有成竹，却可能一无所知。我们自以为聪明绝顶，却可能是“当局者迷”。

我们仿佛漂流在茫茫大海中，不知何去何从。这时虚无主义者可能会说：“还是顺其自然为好，哪怕什么也不做。”他们的潜台词是，我们应该继续漂流，得过且过。他们的理由是，人生的海洋浩瀚无际，前途难测，依照我们有限的能力，绝不可能绘制出准确的地图，并借着地图找到方向驶出迷雾。但是事实上，只要我们坚持不懈，就可以通过自我反省，最终摆脱迷蒙的状态，这才是应该提倡的做法。找到人生的方向，通常要经历漫长的过程，仅仅依靠投机取巧或头脑中的灵光闪现，很难达到目标。真正的自知自觉，总是缓慢而渐进的过程。我们踏出任何一步，都须有足够的耐心，进行细致的观察和深刻的自省。我们更应该态度谦虚，脚踏实地。心智的成熟之路，是永不停歇的学习和进步的过程。

我们凭借足够的耐心，付出充分的努力，沿着心智成熟之路前进，点滴的认知和经验，就会慢慢汇集起来。渐渐地，人生之路将会清晰地出现在眼前。在此过程中，我们可能一不小心进入死胡同，也可能不时经受失望的打击，或者遭到错误信息的干扰。但是，在自我纠正和自我调整的过程中，我们终将了解人生的真谛，清楚我们在说什么、想什么、做什么。一言以蔽之，我们必将拥有驾驭人生的强大力量。

我们的心灵获得力量，就会感觉舒适愉快。在人生旅途上，我们稳扎稳打，循序渐进，进步带给我们的愉悦感难以言喻。没有什么比成为人生的专家，熟知自己所做的事情更让人感觉幸福了。我们的心灵愈是成熟，就愈有可能成为人生的专家，感觉到与上帝心灵相通。我们会看清周遭的一切，熟悉个人行为的动机和后果。我们觉得心明眼亮，甚至如同上帝一样全知全能。意识与上帝合而为一，意味着我们达到了至高境界，甚至具有与上帝相同的认知。

我们的心智成熟到一定阶段，就会更加谦逊而快乐。我们知道自己的智慧源自潜意识。我们清楚“根”在何处，而我们的一切认知，莫不像流水一样，从潜意识的“根”源源而出。我们一切求知的努力，旨在于打破意识与上帝的界限。我们还知道，潜意识的“根”不属于我们自己。换言之，它不是我们自己的潜意识，而是属于整个人类、全体生物乃至上帝的潜意识。如果别人问我们的知识和力量从何而来，任何同时拥有这两种无价之宝的人，一定会这样回答：“这不是我的力量，它来自另一种无比强大的力量。我展示的只是其中小小的一部分。我只是作为一种途径而存在，真正的力量不属于我。”这样的感受发自内心，而且让我们充满喜悦。与上帝（潜意识）沟通，自我意识就会大幅度缩小。我们只想对上帝说：“我所做的一切，都是为了成就您的意愿。我想成为您表达思想的工具。我的自我意识并不重要，放弃自我使我感受到莫大的喜悦。”与此同时，我们呈现出幸福而平和的状态，这和恋爱的状态颇为相似。

倘若觉察到与上帝密切的关系，我们的空虚和寂寞，都会一扫而空，或许，这就是所谓的“神交”吧？

心灵汲取到足够强大的力量，固然令人感觉愉快，同时也可能使人恐惧。一个人知道得越多，就越是难以采取行动。还是以前面提到的两个将军为例，两个人都必须做出是否开战的决定。一个认为这只不过是单纯的战术决策而已，该吃吃，该睡睡；而另一个斟酌的是每个士兵的鲜活的生命，因此做起决定来分外痛苦。其实，我们每个人都是将军，我们采取的任何行动都有可能影响成长的历程。无论我们决定要赞美还是惩罚孩子，都可能产生意想不到的影响。如果我们赖以参考的数据有限，基本上只能听天由命，那么在做出决定或采取行动时，显然要容易得多；而如果我们必须吸收和总结越来越多的数据，做出决定的过程就会越发艰难。另外，我们知道得越多，就越是有可能预测到后果，考虑到自己可能担负着承担后果的责任，如此一来，就更加难以采取行动。不过，从另一方面说，没有任何行动，其本身也可视为是一种行动。在某些情况下，没有行动或许是最好的选择，而在其他情况下，不采取行动有可能造成灾难性的后果。所谓心灵的力量，不单是要意识到各种可能的情况，随着认知范围的扩大，我们还要具备当机立断的能力。当然，在更多情况下，一知半解乃至一无所知，不大可能使做出决定的过程变得容易，只会使之更为复杂。从这个意义上说，我们越是接近心中的上帝，就越是对他充满同情。我们一方面体验上帝给予的认知，一方面也会体验到上帝经受的痛苦。

心灵的力量不断积聚，还会带来另一个问题，那就是孤独感。在某种意义上，拥有心灵的力量和拥有政治的力量颇为相似。心智的成熟度接近顶峰的人，就像是一呼百应、权倾天下的王者。他们不可能推卸责任和过错，也没有人告诉他们应该怎么办。他们没有跟自己处境和感受相当的人，以便容许自己释放压力，发泄痛苦。这跟政治上的当权者很相似，也许别人可以为当权者提出建议，但决定权仍掌握在他们手里，一切后果都由他们自行负责。从另一个角度来看，心灵的力量带来的孤独感，要比政治权力更加显著。政治当权者至少还有心智相当的人与之沟通，总统或国王的身边，总是簇拥着一大群政客或臣下，哪怕他们是趋炎附势者和溜须拍马者。而心智成熟到无所不知的人，却难以找到境界相当的人。《圣经》中的《福音书》涉及了一个值得关注的主题，就是耶稣常因无人了解他而颇为沮丧。不管他如何努力教导他的门徒们，都无法让他们的心智大幅度成熟，达到与他同等的层次。即使最聪明的门徒，也只能亦步亦趋地追随他的指引，永远无法与他相提并论。就连耶稣无限的爱和慈悲心肠，也无法使他摆脱强烈的孤独。那是一种高处不胜寒的冷清，是孤独前行的寂寞。在心智成熟的道路上，所有走在最前面的人，所有走得最远的人，都会感受到这种孤独。孤独本身就像是沉重的负担，倘若不是把别人远远抛到身后，而自己与上帝越来越接近，近到可以感受到他的呼吸，领略到他的微笑的话，那么我们肯定难以忍受下去。正因为随着意识不断成长，我们可以与上帝心灵相通，才没有停止前行的脚步。“神交”带给我们莫大的幸福，支撑我们鼓足勇气，忍耐孤独，踽踽独行。

俄瑞斯忒斯的传说

谈到心理健康与心理疾病，我曾给出过一系列结论：神经官能症是人生痛苦的替代品；要让心理恢复健康，就要不惜任何代价坚持真理、尊重事实；如果我们偏离潜意识的意愿，就会产生心理疾病。表面上，这些结论似乎彼此并不相干，但实际上却紧密相连。现在，让我们继续讨论心理疾病的话题，并把上述结论整理成一套完整的观念体系。

我们生活在现实世界里，要想生活得更好，必须尽可能地了解世界的本质，但了解的过程无法一蹴而就。要洞悉世界的本质，认清自己和世界的关系，我们就可能经受各种痛苦，而唯有经受痛苦，才能够最终走向真理。

我们趋向于逃避一切痛苦和折磨，因此对某些消极现象可能熟视无睹，对残酷的现实可能不闻不问，我们的目的只在于捍卫自己的意识，不让真实的信息侵入其中，心理学家把这种情形称为“意识的防卫机制”。每个人都可能采用这种机制，有意限制自己的认知范围和认知能力。但是，不管是出于懒惰还是害怕痛苦的原因，我们采用防卫机制，阻碍自己的认知过程，对世界的认知就会少得可怜，我们的心灵于是与现实脱节，言语和行为也变得不切实际。这种情形发展到一定程度，就会产生严重的心理疾病。即便我们自己没有察觉，别人也会清楚地看到，我们正在脱离现实，成了可怜的怪人或者异类。我们自以为很正常，其实我们的心理疾病可能相当严重。

在心理健康状况恶化之前，潜意识就会察觉到我们的变化，注意到我们的适应能力越来越差。它通过各种方式，提醒我们情况变得不妙——频繁的噩梦、过度的焦虑、极度的沮丧，这些症状在我们身上不断出现。虽然意识可能与现实脱节，但无所不知的潜意识总能看清真相，并以上述症状来提醒我们做出及时的改变。换句话说，心灵产生的种种症状，或许让我们难以接受，但它们却是一种恩典，是意识之外那股滋养心灵的强大力量发生作用的结果。

我在前面简要列举过忧郁症的病例。一个人出现忧郁的症状，说明他（她）的生活状态与心理需求发生了冲突，因此需要做出及时的调整。前面谈到的许多病例，固然是为了说明某些道理，但它们都可以证明一个事实：表现出心理疾病的症状，意味着患者选择了错误的道路，心灵非但没有得到成长，还处于严重的危机当中。下面，我举一个例子，证明心理疾病在人生道路上的作用。

贝特西是一位22岁的女子，她聪明可爱，但常常不苟言笑，显得过于假正经。她患有严重的焦虑症。她是一个工人家庭的独生女，父母笃信天主教，省吃俭用，供她上大学。尽管贝特西学习成绩优异，但她刚读完一年级就突然选择了辍学，嫁给了邻家的小伙子——一个汽车修理师，她自己则到超市做了收银员。婚后头两年尚且顺利，不过，她很快出现了奇怪的心理症状，总是无缘无故地感到焦虑，有时甚至难以控制。她外出购物、在超市上班，或是独自走在街上时，常常会产生强烈的恐惧感。她不得不丢下手头的事，马上赶回家中或是丈夫的修理厂。只有和丈夫在一起，她的恐惧感才会消失。这种症状越来越严重，迫使她不得不辞去工作。

她去看过许多医生，但医生的镇静剂无法让她平静下来，她的病情也没有改善。贝特西不得不向我求助，她哭着说："我不知道自己出了什么问题。我的生活本来很正常，丈夫对我也很好，我们彼此深爱，我也喜欢我的工作。现在情况却糟透了，我快要发疯了！请你帮帮我，让我恢复到原来的样子。"其实，贝特西的处境并不像她描述的那么美好。通过治疗，她承认了一个令她一直痛苦的事实：尽管丈夫对她很好，可是，丈夫身上的某些缺点总是让她无法容忍。她的丈夫性格粗鲁，兴趣狭窄，唯一的兴趣就是看电视，这让她感到厌烦。另外，在超市做收银员的工作，同样让她感觉极度无聊。我们开始探讨她为什么中途辍学，去过眼下这种单调的生活。"我就读的大学让我觉得不安，"她说，"许多同学都在吸食毒品，乱搞男女关系。他们生活糜烂，不务正业。我觉得无法接受，整天都很不自在，别人却认为是我有问题。不只那些想和我乱搞的男生那样想，我的女性朋友们也认为我不正常，还说我过于天真和幼稚。我甚至也开始怀疑自己，怀疑教会和我父母的价值观。我真是被这种局面吓坏了，所以不得不选择辍学。”经过一段时间的治疗，贝特西最终能够鼓起勇气，面对她原本逃避的一切。她决定回到学校继续学业。幸运的是，她的丈夫愿意改变缺点，与妻子一同进步，因此也决定进入大学读书。贝特西的焦虑症自然而然地痊愈了。

贝特西的焦虑感属于“广场恐怖”，也就是置身于超市等大型公共场所时，不自觉地产生的一种心理恐惧症。对于贝特西本人而言，这是自由感带来的恐怖。尽管她可以自由地走动，同别人沟通和交往，可是只要她独自出门，没有丈夫“保护”，焦虑和恐惧的症状就会随时出现。因自由感而产生的恐惧，是她的心理疾病的本质，这使她患上了严重的焦虑症。我们从另一个角度观察，也许更容易了解她的病情：早在焦虑症出现前，贝特西就产生了对自由感的恐惧，她选择从大学辍学，更是限制了自己心智的成熟。根据我的判断，早在焦虑症出现三年之前，她就患上了“自由恐惧症”，但却对此一无所知。她不知道，选择辍学只能使病情日益加重。当她莫名其妙地感到焦虑时，才意识到患上了某种心理疾病。好在经过治疗，贝特西终于回到了心灵成长、心智成熟的道路上。我相信，大多数心理疾病的模式都是这样：早在症状频繁出现之前，疾病就存在于人的精神世界里。症状本身不是疾病，而是疾病的外在表现，同时也往往成为治疗的开端。尽管它们为我们所厌恶和恐惧，但是，它们是来自潜意识的一种至关重要的信息。它们使患者意识到自己的身心健康已经出了问题，促使他们及时自我反省，或接受必要的心理治疗。

大多数人总是拒绝这种提醒，他们以各种方式逃避，不肯为疾病承担起责任。他们对自己的症状视而不见，还振振有词地说：“人人都可能出现异常状况，或者偶尔遭受到小灾小病的打击。”为了逃避应当承担的责任，他们可能会中断工作，停止驾车，搬到新的城市，或者放弃参加某些活动。他们也可能吃止痛药，服用医生开的药丸，借助酒精或其他药品麻醉自己，试图自行消除这些症状。即便承认自己确实出现了某些奇特的症状，他们也会下意识地把责任归咎于外界——家人的漠视、朋友的虚伪、上司的压榨、社会的病态，或是自身命运不济。只有少数人能正视自己的症状，他们清楚地意识到，这些症状说明他们内心深处真的出了问题。他们听从潜意识的暗示，并从中获得帮助。他们承认自己的缺点和不足，忍受治疗中必经的痛苦，也由此得到巨大的回报。根据《圣经·马太福音》，耶稣在“登山训众”时曾说过：“虚心者必有福气，因为天堂属于他们。”我想，这种说法和心理治疗的本质如出一辙。

有关潜意识与心理疾病的关系，我认为最好的例证之一，就是希腊神话中俄瑞斯忒斯与复仇女神的故事。俄瑞斯忒斯是迈锡尼城主阿特柔斯的孙子。阿特柔斯野心勃勃，想证明自己无与伦比，甚至比诸神更伟大，所以遭到诸神的惩罚，他的后代都遭到了诅咒，导致俄瑞斯忒斯的母亲克吕泰墨斯特拉与人私通，谋杀了自己的丈夫——俄瑞斯忒斯的父亲阿伽门农。就这样，诅咒又降临到俄瑞斯忒斯头上——根据古希腊伦理法则，儿子必须为父亲报仇。但是，弑母的行为同样为希腊法理所不容。俄瑞斯忒斯进退两难，承受着巨大的痛苦，最后他还是杀死了母亲。于是诸神派复仇女神昼夜跟踪，对他进行惩罚。有三个形状恐怖，只有他看得着听得见的人头鸟身怪物，时刻都在恐吓他、袭击他、咒骂他。

不管走到哪里，俄瑞斯忒斯都被复仇女神追赶。他到处流浪，寻求弥补罪过的方法。经过多年的孤独、反省和自责，他请求诸神手下留情，撤销对阿特柔斯家族的诅咒。他说，为了弑母之罪，他已付出了极大的代价，复仇女神不必紧追着他不放。诸神于是举行了大规模的公开审判。太阳神阿波罗为俄瑞斯忒斯辩护，说所有的一切都是自己亲手安排的，他下达的诅咒和命令，使俄瑞斯忒斯陷入了弑母雪耻的困境。此时，俄瑞斯忒斯却挺身而出，否认了阿波罗的说法。他说："有过错的是我，是我杀死了母亲，与阿波罗无关。"他的诚恳和坦率让诸神十分惊讶，因为阿特柔斯家族的任何人都不曾有过为自己行为负责的情形，他们总是把过错推到诸神头上。最终，诸神决定赦免俄瑞斯忒斯，取消了对阿特柔斯家族的诅咒，还把复仇女神变成了仁慈女神。人头鸟身的怪物变成了充满爱心的精灵，从此给予俄瑞斯忒斯有益的忠告，使他终生好运不断。

这个神话的含义并不难理解，只有俄瑞斯忒斯能看得见的复仇女神，代表着他自己的症状，也就是他患有严重的心理疾病。而复仇女神变成仁慈女神，意味着心理疾病得到治愈，整个过程和我们前面谈到的病例完全一致。俄瑞斯忒斯实现了局面的逆转，是因为他愿意为自己的心理疾病负责，而不是一味逃脱责任或归咎到别人头上。虽然他尽力摆脱复仇女神的纠缠和折磨，但他并不认为自己遭受到了不公正的惩罚，也不把自己看成是社会或环境的牺牲品。作为当初降临到阿特柔斯家族身上的诅咒，复仇女神象征着阿特柔斯的心理疾病，这是阿特柔斯家族的内部问题，也就是说，父母或者祖父母的罪过，要由他们的后代来承担。然而，俄瑞斯忒斯没有怪罪其家族，没有指责他的父母或祖父母，尽管他完全可以那样做。他也没有归咎于上帝或者命运。与此相反，他认为局面是自己造成的，他愿意为此付出努力以洗刷罪过。这是一个漫长的过程，如同大多数治疗一样，需要经历漫长的时间才能最终见效。最终，俄瑞斯忒斯通过努力完成了“治疗”，而曾经带给他痛苦的一切，也变成了赋予他智慧和经验的吉祥使者。

经验丰富的心理医生，都目睹过上述神话在现实中的演绎，亲眼见过复仇女神变成仁慈女神的过程，也就是患者康复的过程。这种改变的过程殊为不易。大多数患者一旦意识到心理治疗意味着要面对痛苦，要为自己的病情负起责任，心中的畏惧之情就会油然而生。进入治疗状态以后，不管患者的斗志多么高昂，心里都会打退堂鼓。有的人宁可继续生病，冒着丧失健康的危险，也要把责任推到“诸神”身上，不愿自行承担。心理医生必须让他们接受这种观念：敢于为自己承担责任，是治疗成功的关键因素。

患者在这一过程中可能要经受相当大的痛苦。医生需有足够的耐心，循序渐进地引领患者面对现实。有时候，患者固执而偏激，甚至就像不听话的孩子，哭哭闹闹、又打又踢，直到最终才平静下来，完全接受属于自己的责任，使治疗出现转机。只有极少数患者始终愿意为自己承担责任，即便治疗仍需耗时一两年，但总体上会非常顺利，不管对于患者还是医生，都是舒适而愉快的体验。在以上两种情况下，复仇女神都可以转变为仁慈女神，只是转变程度和时间长短有所不同而已。

患者正视自己的心理疾病，承担起相应的责任，就更容易克服困难，实现转变，彻底摆脱童年的梦魇或者祖先遗传的“诅咒”。此时他们会意识到，自己正在步入崭新的天地，曾经无比复杂的问题，变成了难得的机遇；令人痛恨的障碍，变成了值得期待的挑战；头脑中可怕的杂念，变成了有益的心灵启示；令人恐惧的内心感受，变成了活力与希望的来源；沉重的精神负担，变成了来自上帝的美妙恩赐。当然，疾病的症状也会消释。“我的忧郁症和焦虑感，居然带来了难得的奖赏！”在治疗结束时，他们总是这样说。哪怕患者不信仰上帝，在顺利度过治疗期以后，也会真切地感觉到，他们所承接的是上天的恩典。

对恩典的抗拒

俄瑞斯忒斯未曾看过心理医生，他是自己治好了自己。事实上，即便古希腊有一流的心理医生，他还是得靠自己治疗。心理治疗的本质，不过是一种自律的工具。患者是否需要使用这种工具，需要使用到什么程度，以及为了什么目的而使用，完全是自己的选择。有的患者为了接受治疗，不得不自行克服一切困难：治疗费用不足；过去接受治疗期间，与精神病医生或精神病理学家打交道时，曾有过极不愉快的经历；亲人或朋友极力反对；医院服务人员态度恶劣等。即便如此，他们也会争取早日治疗，享受治疗带来的一切好处。另外一些患者则不然，他们可能拒绝接受治疗，即便勉强就诊，也无视医生的爱心、努力和治疗技巧。他们思想顽固，不肯配合医生的安排。就我本人而言，每次治疗顺利结束，我都会感觉到，虽然是经过我的努力才使患者得到了痊愈（表面上看，我有时似乎能妙手回春），但说实话，我的作用充其量只是一种“催化剂”，归根到底还是要靠患者自身的努力。既然患者最终还是需要自我治疗，为什么成功者只占少数，而失败者却占了多数呢？尽管心智成熟的道路崎岖不平，但它终归是对所有的人开放，那么真正走上这一旅程的人，为什么少之又少呢？

对于这一问题，耶稣曾说过：“被召唤者众多，被选中者寥寥。”那么，为什么被“选中”的人只占少数呢？和其他人相比，他们有着怎样的差别呢？对此，大多数心理医生都会根据病情的严重程度给予回答，即某些人的病情比别人严重，因此就更加难以治愈。某种心理疾病的严重程度，与患者在幼年时期失去父母关爱的程度以及时间的早晚，有着直接的关系。就精神病患者而言，其病情的产生是他们在出生后的头九个月里得不到父母的关爱所致。尽管通过多种治疗，可使其病情得到缓解，但在通常情况下，极少能够彻底治愈。对于人格失调症患者而言，在婴儿时期，他们可能得到完善的照顾，不过从九个月到两岁期间，他们没有得到呵护和关爱，所以他们的症状比精神病患者轻微，不过仍旧相当严重，同样难以治愈。神经官能症患者则是在幼儿时得到过照料，但从两岁之后，尤其是从五六岁起，他们开始被父母所忽视，因此与前面两者相比，神经官能症的病情更为轻微，也更容易治愈。

我个人认为，以上的分析方法有其可取之处，据此建立的心理分析理论，对于心理治疗也大有帮助。不过，它并没有揭示出全部真相，譬如，它忽略了孩子在童年后期以及青春期，父母的爱和关心对于他们的重要性。我们有充分的理由相信，在这一人生阶段，缺乏父母的爱，同样会给孩子带来心理疾病。而在此期间，假使孩子能得到适当的爱和照顾，早年因缺少爱而产生的心灵创伤，则可以得到彻底治愈。

从另一方面说，尽管上述分析的确有统计学上的依据，比如神经官能症比人格失调症更容易医治，而人格失调症也比精神病更容易医治，但是，它无法确切评估患者心智成熟的历程。我曾通过心理分析和心理治疗让一个患有严重精神病的男人迅速恢复正常，这也是我花费时间最短的成功案例。仅仅治疗了九个月，他就完全恢复了健康。然而，我用了三年时间，对另一个只是患有神经官能症的女人进行治疗，却仅仅取得了微不足道的进展。

决定治疗成功与否的关键，在于患者是否具有成长意愿。

一个人的成长意愿，是一种易于变化而难以衡量的因素，显然它并未被列入上述分析的内容当中。无论患者的病情达到何种程度，只有依靠强烈的成长意愿，才能够扭转乾坤，使治疗取得进展。遗憾的是，对于这一因素的认识和了解，当代的心理治疗理论基本上是一片空白。

成长意愿对于治疗极为重要，但它始终披着神秘莫测的外衣。有一点可以肯定，成长意愿的本质与爱的本质是一致的。爱是为了心智成熟而拓展自我的意愿，真正拥有爱的人，心灵自然会不断成长。我曾经说过，父母的爱能滋养子女的心灵，使子女培养爱的能力。我也同样强调过，仅仅依靠父母的爱，还不足以让孩子获得爱的能力。也许你还记得，本书第二章曾提出过四个有关爱的问题，现在，我们不妨再来思考其中两个问题：为什么有的人对于富有爱心的治疗毫无反应，而另一些人即使不借助心理治疗，就能跨越缺少关爱的童年造成的创痛，成为充满爱心的人呢？我知道，我的答案未必能令所有人满意，但我还是认为，恩典的概念或许能给我们带来最有益的启示。

我越来越相信，我们之所以能具备爱的能力和成长的意愿，不仅取决于童年时父母爱的滋养，也取决于我们一生中对恩典的接纳。这种恩典是意识之外的力量，它来自潜意识，也来自除了父母之外其他给予我们爱的人，以及我们无法了解的其他渠道。有了恩典的眷顾，即便没有父母的爱和照顾，我们也可以克服心灵创伤，成长为具有爱的人。就人类进化水准而言，我们甚至可以远远超过父母。那么，为什么只有很少一部分人能实现心智的成熟和进化呢？我认为，恩典的雨露滋润每一个人，人人都可以公平地分享到属于自己的部分，只是大多数人拒绝承接恩典，不理睬上帝伸出的双手罢了。

为什么主动接纳恩典的人很少，甚至有那么多的人抗拒恩典呢？我说过，恩典可以为人们提供对抗疾病的力量，但是，患者的反应和举动往往是在有意抵制健康的恢复，原因何在？简单而言，原因就在于我们懒惰的天性，也就是说，我们体内都含有熵的原罪成分。熵的力量促使我们故意对抗治疗的力量，使我们宁可得过且过，不愿耗费任何力气，只想维持当前的生存状态。殊不知，这样做只会使我们远离天堂，接近地狱。

心理学家乃至许多外行人都知道，刚刚得到升职，处于更高地位或者承担更多责任的人，很容易产生心理问题。军队心理专家都很熟悉所谓“升迁神经官能症”这一问题，他们发现，许多低级士官一旦获得升迁，就会患上神经官能症。正因如此，许多人根本不愿晋升，无论如何也不想成为高级军官。他们千方百计地拒绝军官培训，尽管从智力和精神的稳定性上来看，他们完全具备升迁的资格。

心智的成熟与军官升迁的情形颇为类似。恩典的召唤也可被视为一种升迁——让恩典降临到自己身上，就意味着要承担更多的责任，行使更大的权力。唯有深入认识这份恩典，体验它的力量，意识到自己与上帝多么接近，我们内心深处才会产生前所未有的宁静。伴随恩典而来的是更大的责任感。接纳恩典，意味着我们要抗拒惰性，挺身而出，成为力量的使者和爱的代理人。我们要代替上帝去行使职责，完成艰巨的使命。恩典的召唤使我们的心灵受到激励，因此不得不放弃幼稚，寻求成熟；不得不忍受痛苦，从童年的自我进入成年的自我；不得不摆脱孩子的身份，转而成为称职的父母。

很多士官本来有资格升迁为军官，却不想穿上军官制服，这并非没有道理。接受心理治疗的患者，固然渴望拥有健全的心灵，却又对恢复健康缺乏兴趣，这也不足为奇。我曾经接待过一位年轻的女士，她患有严重的抑郁症。我对她进行了一年的治疗，她逐步意识到，她的亲属也有严重的心理问题。有一天，她感觉异常兴奋，因为她以自己的理智和冷静，帮助家族成员解决了一个棘手的大问题。她说："我真的很开心！我希望自己经常有这种感觉。"我告诉她，她可以做到。她的精神之所以感到愉悦，是因为她有生以来，第一次坚决地反抗家人的控制。一直以来，她的家人使用各种手段，避免与她正常地沟通，进而达到控制她的目的，以便满足他们不切实际的要求。现在，她终于能够尊重自己，掌握全局，不再听任他人的摆布了。我告诉她，如果进一步扩大认知，并将这种能力应用到更多的场合中，她就会拥有更大的信心和力量，她将能够掌控一切，体验到更大的愉悦。可是她却死死瞪着我，流露出恐惧的神情，她喃喃地说："如果那样，我就不得不永远费心考虑更多的问题了。"我认可她的说法，并告诉她，只有深入思考才能继续前进，持续增加心灵的力量，最终摆脱抑郁，不再感到软弱和无力。我的建议却让她大为恼火，她提高了嗓门说："我才不想花那么多时间去考虑那么多事情呢！我来这里接受治疗，绝不是想让人生变得更加复杂。我只想放松下来，舒服快乐地过日子。难道你是想把我变成上帝或别的什么人吗？”就这样，这个原本有着过人潜力的女子令人遗憾地中断了治疗。恢复健康的附带条件把她吓得不知所措，所以她宁可放弃让心灵继续成长的机会。

上述情形，局外人听起来也许觉得不可思议，但是心理学家大都很清楚，许多人都惧怕为恢复健康而承担的责任。心理医生不仅要让患者体验到心理健康的益处，还要用不断的安慰、一再的保证、坚决的督促等方式，让他们树立信心、鼓起勇气，避免刚刚体验到健康的好处，就因害怕承受继续成长的痛苦而迅速逃离的情况发生。当然，患者的内心产生恐惧是正常而合理的现象。在潜意识层面，人们担心自己拥有更多的力量后，就会滥用这种力量。哲学家圣·奥古斯丁说过：“如果你兼有爱和付出两种禀赋，就可以随心所欲地做你想做的一切事情。”心理治疗进展顺利，意味着患者不再软弱，不再害怕应对无情的现实。患者会突然间意识到，他们有能力实现自己的愿望，做自己想做的一切事情。这种无限自由的感觉，可能让有的患者感到恐惧：“如果我可以为所欲为，那么还有什么力量能阻止我犯下错误，做出不道德的事情，甚至故意去实施犯罪呢？还有什么因素能阻止我滥用自由和力量呢？仅仅依靠爱和付出，就能够使我拥有足够的自制力吗？”

患者有类似的想法，足以证明他们已经具有了相当程度的爱。爱和付出，能够使我们懂得自我约束，而不致滥用心灵的力量。出于这个原因，我们不应该把它们抛到一边。不过，从另一方面来说，我们也不能把爱和付出想象得过于可怕，乃至不能发挥自己的能力。有的人要经过许多年，才能够克服心灵的恐惧，坦然接受恩典的召唤。如果始终处于恐惧之中，或妄自菲薄，自认为没有任何价值，并且一再逃避应当承担的责任，就可能导致神经官能症的产生，并且使之成为心理治疗的核心问题。

但对大多数人来说，害怕滥用力量并不是抗拒恩典的主要原因。他们并不担心自己能够随心所欲，让他们望而却步的原因其实是爱和付出本身。我们当中的多数人，就像是幼小的孩子或是青春期的少年。我们渴望摆脱束缚和乏力的状态，拥有成年人的自由和力量。但是，成年人应当承担的责任，应当遵循的自律原则，却让我们感到乏味乃至恐惧。尽管我们时常觉得父母、社会或者命运对我们是一种压迫或威胁，但我们还是甘居下游，希望有更大的权威帮助我们推卸责任、摆脱压力。如果没有人代我们承受职责，我们就会感到害怕。若非有上帝与我们同在，独自处于崇高境界的我们，更会感觉不寒而栗。相当多的人缺乏忍受孤独的能力，所以宁可放弃“掌舵”的机会。大多数人只渴望平安，却丝毫不愿承受孤独。他们缺乏忍受孤独的能力。他们渴望拥有成年人的自信，却不肯让心智走向成熟。

我们以各种方式探讨了成长的艰难之处。在这个世界上，极少有人能够持续不断地成长，永远乐于接受崭新的、更大的责任。大多数人都会随时终止前进的脚步。实际上，他们的心灵充其量只是部分成熟而已。他们总是避免完全成熟，因为那样一来，他们就不得不付出更多的努力完成上帝赋予的更高的要求。

响应恩典的召唤如此艰难，难怪耶稣说“被召唤者众多，被选中者寥寥”。许多人即便找到最出色的心理医生，也不能从心理治疗中获益，原因就在于此。在熵的力量作用下，抗拒恩典的召唤显得非常自然，于是，人们也习惯性地百般逃避。可是，我们似乎更应该思考这样的问题：为什么有的人能够克服重重困难，响应恩典的召唤？这些人和大多数人有何不同？对此，我无法给出确定的结论，因为这些人和普通人相比，好像并无不同。他们既可能来自生活富裕、教育良好的家庭，也可能成长在贫穷而迷信的环境之下；他们可能自幼得到父母的关爱，也可能生来不幸，丝毫不曾感受过被人关怀的滋味；他们可能产生过心理不适的小问题，也可能因患有严重的心理疾病，接受过长期的心理治疗；他们可能是老人，也可能是年轻人；他们可能听从恩典的召唤，不假思索地履行使命，也可能在多次抗拒之后才渐渐做出让步，接纳恩典的降临。我虽然有多年的心理治疗经验，可是对于患者在这方面的反应，至今仍没有多少把握。说实话，在心理治疗初期，我的确无法预测出哪些患者对于治疗不可能有任何反应，而哪些患者真正适合接受治疗，可以迅速恢复心灵的成长，甚至达到很高的境界。总而言之，恩典深不可测。耶稣曾对门徒尼戈蒂姆斯说：“你听见风的声音，却不知它从哪里来，又要往哪里去。对于上帝也是如此，我们不知道他最终把天堂的使命赋予何人。”我想，耶稣对上帝的看法类似于我对恩典的看法。归根到底，我们只能承认，恩典确实是一种神秘的事情。

迎接恩典降临

这样一来，我们又不得不面临无法解释的矛盾。在这本书里，我一直把心灵成长和心智成熟当成一种有规律的、可以预测的过程来描述。我认为，心灵成长、心智成熟的能力是可以学习的，就像我们在课堂上学习专业领域的知识和技能一样。只要我们支付学费，付出足够的努力，就可以顺利毕业、拿到学位。我把耶稣那句“被召唤者众多，被选中者寥寥”解读为，之所以很少的人会选择响应恩典的号召，是因为这样做是非常艰难的。之所以我要这样解读，是为了强调是否接纳恩典乃是我们自己的选择。换句话说，恩典是我们自己挣来的。我知道事实就是这样。

与此同时，我也知道这个结论并不能涵盖事实真相。我们并不是去主动寻求恩典，而是恩典降临到我们头上。即使我们努力去追寻它，它也可能躲开我们，而在我们没有追寻它的时候，它却可能突然降临。我们可能非常渴望心智的成熟，却发现前面的路上布满了各种各样的障碍。我们也可能表面上对心灵生活并不在意，但却发现自己意外受到了它的吸引。尽管我们的确可以选择是否响应恩典的召唤，但在另外一层意义上，是上帝选择了什么时候以何种方式发出这样的召唤。那些接纳了恩典的降临，达到“天人合一”状态的人，总是对自己这种状态充满了惊讶。他们并不认为这是他们靠努力挣来的。尽管他们或许能够意识到自己所达到的境界，但不会把这种情况视为自己的主观选择，而是觉得这一切都是某种比他们的意识更睿智、更巧妙的力量造成的结果。境界越高的人，就越能体会到恩典的神秘之处。

我们该怎样解决这种矛盾呢？其实用不着解决。尽管我们不能凭主观意愿创造出恩典，但却可以打开心扉迎接恩典的降临。我们可以把自己的心田耕耘成一方沃土，让恩典的种子能够茁壮生长。如果我们能够完全遵循人生的自律原则，心中充满了爱，那么即使我们对宗教完全没有了解，根本不去思考跟上帝有关的事情，也能准备好承接上帝赐予的恩典。反之，即使我们笃信形式上的宗教，也未必能做好这样的准备，因为宗教本身对心灵并没有助益。我之所以写下这一部分的内容，是因为我相信，对恩典概念的理解能够帮助心灵在艰难的成长之路上前行。这种理解至少能在三个方面上提供帮助：帮人们接纳从天而降的恩典；让人们更好地把握前进的方向；鼓励人们坚持前行。

我们既是主动选择了接纳恩典，也是被动迎接恩典的降临，这一看似矛盾的情形，正是好运奇迹的精髓。这里说的好运，定义仍旧是“意外发现有价值的或令人喜爱的事物的天赋和才能”。佛陀只有在停止主动追寻超升之后，才获得了超升。另一方面，谁能说他最终获得的超升，究竟是不是他花 16 年时间辛苦追寻的结果？他既需要去追寻，又不能刻意追寻。复仇女神之所以会转变为仁慈女神，也是因为俄瑞斯忒斯既努力寻求诸神原谅，又并没有指望诸神让他的求索变得更容易。通过这种既追寻又不刻意追寻的过程，他最终赢得了好运与诸神的恩典。

接受心理治疗的患者对梦境的利用，也符合类似的规律。某些患者知道梦境中包含着解决他们问题的答案，于是就把每一个梦都详细地记录下来，拿给心理医生看，试图从中找到答案。然而，这样记录下来的梦境内容，往往对治疗并没有帮助，甚至妨碍治疗的进展。首先，治疗时间有限，医生不可能对所有的梦进行深入分析。其次，对梦境内容的过分看重，可能会妨碍医生注意到更重要的方面。最后，梦境的内容本身未必都有意义。像这样的患者，必须要学会不去刻意从梦境中追寻答案，而是让潜意识去选择哪些梦的内容值得上升到意识层面。学会这样做并不是容易的事，它需要患者在一定程度上放弃对自己思想的控制，顺其自然发展。当患者学会不再刻意捕捉梦境的内容之后，他们能够记住的梦境内容会在数量上有所下降，而质量却会有巨大的提升。只有这样，对梦境的解析才能让治疗得到进展。然而，另一种情况也同样常见：患者原本对梦境的价值完全没有概念，于是就把所有梦的内容全都驱逐出意识之外，认为这些内容没有任何价值。这样的患者必须首先学会记住梦的内容，然后再学会认识和发掘其中的价值。总之，要想有效利用梦境的内容，我们需要认清它们的价值，在它们出现的时候充分利用，但又不能刻意去追寻或是期待它们。

恩典也是一样。我们已经知道，梦境只是恩典降临在我们身上的一种形式。对于别的形式——突然出现的灵感与预兆，各种同步性事件和意外降临的好运，以及爱本身，我们都应该采取同样的态度去对待。每个人都想要获得爱，但在此之前，我们必须让自己值得被爱，做好接受爱的准备。要做到这一点，我们就需要把自己变成自律、心中充满爱的人。如果我们一味刻意追寻别人的爱，期待着有人来爱我们，那就不可能达到这样的状态，因为我们没法真正去爱别人，只能依赖别人。但当我们不求回报地滋养自己和别人时，就会在不知不觉间成为可爱的人，这样爱就会在不经意间降临到我们身上。无论人类的爱还是上帝的爱，其规律都是这样。

这一部分内容的主要目的之一，就是帮助那些追求心智成熟的人去赢得人生的好运，去学习和掌握发现神奇事物的本领。不期而遇的好运和收获不单纯是上天的恩赐，而是后天习得的本领。拥有这样的本领，我们就可以理解意识之外的恩典，并妥善地加以运用。拥有这样的本领，就可以确保我们在前进的过程中，始终有一双看不见的手，有一种深不可测的智慧，指引着我们走向新生。这一双手，这一种智慧，总是目光犀利、判断准确，远远胜于我们的意识。有了它们的指引，我们的人生旅途才会畅通无阻。

释迦牟尼、耶稣、老子以及其他古代圣贤，都以不同方式阐述过类似观点。我在我的行医生涯中，发现人生的现实与先人的教诲完全一致，由此促使我饱含激情，撰写了这本《少有人走的路：心智成熟的旅程》。如果你想对上述观念有更深入的了解，就不妨去重读那些古老的经典，汲取更为深刻的人生见解。不过，我要提醒你的是：你不要期待从中获得更多的细节。也许出于被动、依赖、恐惧和懒惰的心理，你希望看清前方每一寸路面，确保旅途的每一步都是安全的，你的每一步都具有价值，可是很遗憾，这是不可能实现的愿望。心智成熟之旅艰苦卓绝，无论是思考还是行动，你都离不开勇敢、进取和独立的精神。即便有先知的告诫，你仍需独自前行。没有任何一位心灵导师能够牵着你的手前进，也没有任何既定的宗教仪式能让你一蹴而就。任何训诫都不能免除心灵之路上的行者必经的痛苦。你只能自行选择人生道路，忍受生活的艰辛与磨难，最终才能达到上帝的境界。

即使在我们已经真正理解了所有这些内容之后，心智成熟的路途仍旧艰难而孤独，让我们经常会丧失勇气。我们生活在科学主导观念的时代里，这尽管在某些方面对心智成熟有所助益，但在另一些方面却会让我们更容易灰心。我们相信宇宙的规律是可知的，不相信神秘的奇迹。物理学让我们了解到，我们所居住的地球只不过是浩瀚星海中的一粒微尘而已，在宇宙的广阔恢弘中，我们似乎完全迷失了。而心理学则让我们认识到，我们的精神世界同样受到意识之外的力量所掌控，大脑中的生化反应和潜意识中的矛盾冲突，让我们必须要用某些方式去感觉、去行动，而我们甚至没法意识到这一点。科学知识取代了神话传说，让我们感到个人的一切似乎没有意义。毕竟，当我们的科学既无法洞悉主导精神世界的力量，又无法丈量巨大无边的宇宙时，我们个人乃至整个人类还有什么了不起的呢？

然而，同样是科学的发展，让我们可以在某些方面认识到恩典这种神奇现象的真实性。我在这本书里试图表达的，就是这样的认识。当我们发现恩典确实存在时，就不会再觉得自己的存在和意识毫无意义了。在我们的意识之外居然存在着一股强大的力量，推动着我们的成长与进化，这本身就足以让我们感觉到，其实自己还是挺了不起的。这股力量的存在，证明我们的心智成熟不仅对我们自己很重要，而且对某种远远超越我们的东西也很重要。这种东西就是有些人所说的上帝。恩典的存在不仅证明了上帝的存在，而且也证明上帝确实存在于每个人的心灵。过去被认为是童话传说的事情，现在被证明是真实的。我们都活在上帝的视野中，并且不是在边缘地带，而是在正中心。我们所认识的宇宙，或许只不过是通往上帝宇宙的一个台阶而已。我们并没有迷失在宇宙的角落，因为恩典的存在就说明，我们在哪儿，哪儿就是宇宙的中心。时空之所以存在，是为了让我们可以通过时空前行。当我的患者们忘却了自己的人生意义，为治疗过程的辛苦而沮丧时，我有时会告诉他们，全人类目前正在迈出进化意义上的一大步。“我们究竟能不能成功迈出这一步，”我会对他们说，“是你们每个人自己的责任。”也是我自己的责任。路已经摆在那里，一步步往前走则是我们的事。恩典可以让我们不至于摔跤，让我们知道往前走是上帝的意旨。我们还能要求什么呢？

后　记

《少有人走的路：心智成熟的旅程》出版以来，我收到过无数读者的来信，每一封信件都让我感动。它们行文流畅，妙趣横生，有的信件还洋溢着真挚的爱心和祝福。除了给予本书大量赞誉以外，不少读者还随信寄来各种礼物，其中包括某些作家的诗句或者格言，以及读者本人深刻的见解和亲身经历的故事。这些信件丰富了我的生活，让我进一步意识到，在世界各地都有人踽踽独行，走在人迹罕至的心智成熟之路上，而且默默走过了很远的距离。无数的脚步汇聚起来，构成了一张庞大的网络，其覆盖面积之广超过我们的想象。读者们感谢我减轻了他们旅途的寂寞，我也要因同样的理由感谢他们。

曾有读者询问我，我是否认为心理治疗必然可以带来理想的效果。心理治疗的质量当然良莠不齐，不过我始终相信心理治疗的意义无可替代。的确，有的患者尽管与一流的心理医生进行过合作，却似乎未能从中受益。然而在我看来，大部分患者遭遇失败的原因在于他们本身缺少兴趣与意志力，以致不能达到治疗的严格要求。我还要补充一点：大约有 5% 的心理疾病是无法治愈的，而且随着治疗中涉及的深刻自省，患者的病情甚至会更加恶化。

所有认真阅读并理解本书内容的人，都不大可能属于这 5% 的行列，但是，心理医生有责任挑选出这极少数患者（他们的症状极为特殊，或是病情相当严重，因此不适合接受一般的心理分析治疗），采用更恰当、更有益的治疗方式，真正做到对症下药。那么，什么样的心理医生才有资格对患者实施心理治疗呢？不少寻求心理治疗的读者都问我，如何选择理想的心理医生？如何确认对方是否有资格进行治疗？我的第一个建议是，选择医生务必慎重，这是你毕生最重要的选择之一。心理治疗是一项不小的投资，不仅需要花钱，还要投入时间和精力。它就是股票经纪人所说的“高风险投资”：选择正确，会给你带来大笔“心灵红利”；倘若万一选错，即使你表面上没有受到多少伤害，但你浪费的是宝贵的金钱、时间和精力。

所以，在精挑细选的同时，你也要信任自己的感受与直觉。通常，和心理医生交谈过一次，你就可以知道对方是否适合你。如果感觉不适合，那就付清这次的费用，随即另请高明。确定医生是否适合自己，这种感觉可能很抽象，不过，通过某些具体的线索或细节，你就可以做出判断。我曾于 1966 年接受过心理治疗。当时，我对美国参加越战的道德性不仅产生了怀疑，而且采取了明确的反战立场。接待我的心理医生，在候诊室里摆放了诸如《壁垒》、《纽约书评》等杂志，这些都是采取反战立场的自由派杂志，所以，我在见到医生本人之前就已经对他产生好感了。

心理医生能否真正给予你关心，远比他们的政治立场、年龄或者性别更加重要，这一点你同样可以很快察觉。一般说来，一流的心理医生不会急不可待地做出乐观的保证，或是不假思索地对患者实施治疗。真正用心的心理医生应该稳重而审慎，而且有所保留。作为患者，你可以凭借直觉发现，在他们含而不露的外表下，隐藏着的究竟是关心还是漠视。

通常，心理医生首先会和你面谈，决定是否接受你。你也可以趁机面试他们，这没有任何不妥。如果认为有必要，你尽可大胆询问心理医生，他们对于女权运动、同性恋和宗教问题有何看法？你有权得到诚实、坦白而严肃的回答。至于其他问题，例如治疗需要多长时间，你的皮疹是否由心理因素引起，如果心理医生回答“不知道”，你完全可以相信他们是在说实话。凡是受过良好教育、事业有成的专业人士，如果能够坦然承认自己的不足，通常都是正式受过专业训练，值得信任的人。

心理医生的能力，和他们持有的证书几乎毫无关系。爱心、勇气和智慧都不能从文凭上显示出来。例如，《心理医生协会资格考核证明》或许是医学界最高的资历证明，代表持有者受过严格的训练。它虽然可以让你感到踏实，不必担心落入江湖郎中手里，但是，就心理治疗的质量而言，有些专业心理医生未必比一般的心理学家、社会工作者或者教会牧师更加出色，甚至可能不及后者。而我认识的两位最优秀的心理医生，甚至都没有大学毕业。

口碑通常是寻找一流心理医生的有效途径。假若你有一些可靠的朋友，他们对某个心理医生的服务感觉满意，那你何不接受他们的推荐呢？还有一种方式，特别适合病情严重或兼有生理问题的患者，那就是去找职业心理医生。职业心理医生接受过心理医学的系统培训，收费也最为昂贵，不过他们能从多个角度了解你的状况。交谈一个钟头，让他们了解你的问题之后，你就不妨提出要求，让他们把你介绍到收费低廉、非科班出身的心理医生那里。最优秀的心理医生通常都愿意告诉你，在附近社区中，哪些非科班从业者能力最强。当然，如果你感觉医生和你配合默契，对方也愿意接受你的求诊，也不妨留下来，继续接受治疗。

如果你经济紧张，而且没有专业门诊治疗的医疗保险，则可以选择到政府医院下属的心理与精神健康专科门诊，去向那里的医生求助。根据个人财力，选择适合的专科门诊，也可以确保你不会落入江湖骗子之手。但是从另一方面说，专科门诊的治疗水平有可能并不理想，而且你选择心理医生的能力也可能相当有限。即便如此，上述方式也不妨一试。

上面的建议和指导，可能没有你希望的那样具体而详尽，但我只想提醒你一句（这也是最重要的一句）：要使心理治疗顺利进行，心理医生必须和患者经常沟通，建立起亲密的感情。因此，你有责任挑选值得信任的医生并接受治疗。适合某一个人的心理医生不见得适合另外一个人。每一个心理医生和每一个患者，都是独特的个体，你唯有依赖直觉自行判断，当然，这其中会有风险。我真诚地祝愿你一切顺利，交上好运。考虑到接受治疗需要极大的勇气，我也佩服你能够自负其责，做出最终的正确决定。

25周年版序言

> 我们长期以来的想法和感受，有一天将会被某个陌生人一语道破。
>
> ——拉尔夫·沃尔多·爱默生《我的信仰》

《少有人走的路：心智成熟的旅程》出版以后，我收到了不计其数的读者来信。这些信件让我真切地感受到：读者之所以被感动，并不在于我提供了多么新鲜的东西，而是因为我的勇气，我说出了他们长期思考和感受的东西，他们自己却因缺乏勇气，不敢说出来而已。

我不清楚“勇气”为何物，它也许是与生俱来的无知无畏吧。本书问世后不久，我的一个病人去参加一次鸡尾酒会，恰好听到我的母亲和一个高龄女士的对话，谈到这本书，那个女士说：“你一定为你的儿子斯科特感到骄傲吧？”我的母亲随即回答说：“骄傲？不！根本谈不上！那本书和我一点儿关系也没有。你也清楚，那都是他的想法，是他得到的一份礼物。”母亲认为这本书和她没有关系，我想她错了，不过有一点她说对了：就《少有人走的路：心智成熟的旅程》的来源而言，它的确属于一份礼物——从各方面看都是如此。

这份礼物的一部分，还要追溯到过去。记得我妻子莉莉和我本人，曾认识一个叫汤姆的年轻人。汤姆和我一样，是在同一处“夏日度假区”（美国富人、艺术家和知识分子的聚居地）长大的，在以往许多个夏天里，我和他的哥哥一起玩耍；在我很小的时候，他的母亲就熟悉我。本书出版的几年前，汤姆曾和我们共进晚餐。就在聚会的前一天晚上，汤姆对他的母亲说：“妈妈，明天晚上，我要同斯科特·派克一起吃晚饭，您还记得他吗？”

“啊，当然了！”他的母亲说，“我记得那个小男孩，从他嘴里说出的东西，都是大家忌讳的话题。”

瞧，你都看到了，这份礼物的一部分，应当追溯到我的过去。想必你也可以理解，在过去的主流文化背景下，我在某种程度上是一个怪人，是个“童言无忌”的异类。

我是个不知名的作者，所以本书出版以后，没有任何大吹大擂的宣传。它在商业上的巨大成功，是一个缓慢而渐进的过程。它 1978 年出版，5 年后才出现在全国最畅销图书榜单上。假如它一夜走红，我一定很怀疑自己是否足够成熟，成熟到可以对付突如其来的名望和声誉。不管怎么说，它毕竟是取得了惊人的成功，而且出版界公认，它是经众口相传而获得成功的畅销书。一开始销售速度很慢，不过人们经过不同的渠道，都在纷纷谈论这部书，它的影响力也越来越大。其中一条渠道就是“匿名戒酒协会”，譬如，我收到的第一封读者来信这样开头：“亲爱的派克博士，你肯定是个酒鬼。”写信的人显然认为，除非我是匿名戒酒协会的长期成员，并且一度因酗酒而潦倒，不然就很难想象，我会写出这样的一本书来。

我想，假如《少有人走的路：心智成熟的旅程》提前 20 年出版，它可能无法取得多么像样的成就。须知到 20 世纪 50 年代中期，匿名戒酒协会才真正行使职能，而在此之前，本书大多数读者还都不是酒鬼呢！更为重要的是，当时心理治疗并未成为一种趋势，而到了 1978 年，当《少有人走的路：心智成熟的旅程》初次出版时，美国多数的男人和女人，在心理上、精神上日渐复杂，也开始反思人们极少讨论的话题。事实上，他们一直翘首企盼，等待有人大声说出这些事情。

就这样，本书的声誉，像滚雪球那样迅速积聚，口碑越来越好，为很多人所熟知。我记得在职业巡回演讲后期，我有时会这样对听众们说：“你们还算不上典型的美国人。不过，你们有很多方面都是一致的，其中之一就是，在你们当中，曾经历或正在经历心理治疗的人，占了很大一部分。你们可能接受过戒酒训练，或者得到过传统治疗学家的帮助。也许你们会觉得，我这样做是在侵犯你们的隐私，不过我还是希望，所有接受过或者正在接受心理治疗的人——请你们举起手来。”

在听众当中，95%的人都举起了手，“现在，你们朝周围看一看”，我对他们说。

“这会带给我们很多启示。”我接着说，“一种启示就是，你们已经开始超越传统观念的限制。”所谓超越传统观念，我的意思是说，长期以来，无数人都思考过（只是思考！）别人忌讳的事情。当我详细解释超越传统观念的含义及其重大意义时，他们完全赞同我的看法。

有的人称我是预言家，这个似乎有些夸大其辞的头衔，我倒也能够接受，这仅仅是因为他们认为，所谓预言家，并不是那种能够看清未来的人，而是能够阅读当代各种信号和特征的人。《少有人走的路：心智成熟的旅程》能够畅销，主要是因为它完全适应时代潮流；是读者的广泛认可，才使它获得了成功。

25年以前，当本书刚刚出版时，我天真地幻想着它的命运，我认为全国各大报刊都会对它做出评价。感谢上帝的眷顾，事实上，它最初仅仅得到过一篇评价……但是，那是一篇多么重要的评价啊！我想说的是，本书能获得成功，很大一部分要归功于菲莉斯·特洛克丝。菲莉斯是优秀的作家，也是一个评论家，在《华盛顿邮报》书评版编辑部，她在一大堆图书中间，意外发现了一个新书样本。浏览了该书的目录之后，她就把它带回了家。两天之后，她要求为这本书写一篇书评，书评编辑勉强同意了。菲莉斯马上离开他的办公室，临走前还亲口对他说：“我会精心起草一篇书评，我相信这本书一定会成为畅销书。”她没有食言。她的评论问世还不到一周，《少有人走的路：心智成熟的旅程》这本书，就登上了《华盛顿邮报》“最佳畅销书书榜”。几年之后，它开始陆续出现在全国各大畅销书榜上面，后来几乎全国任何一家畅销书榜上面，都会出现它的名字，这种情形一直持续到今天。

我感激菲莉斯，还有另一个原因。随着本书声望日隆，她可能是想提醒我，应该保持谨慎谦虚的态度，脚踏实地，继续做好工作，所以对我说：“你知道，它可不是你写的书。”

我很快就明白了她的意思，她不是想说《少有人走的路：心智成熟的旅程》不是我的作品，而是想说这本书写出了许许多多人的心声，就像是出自上帝之手。尽管如此，本书也并非尽善尽美，一切缺点亦应由我负责。尽管它可能还有某些缺憾，但因其独有的价值，至今仍为无数人所需要。我也始终清晰地记得，在逼仄的办公室里，当我一边忍受孤独，一边为它倾注心血的时候，仿佛冥冥之中，我得到过一种帮助，一种神秘莫测、犹如来自上帝的帮助。当然，我不晓得帮助究竟来自哪里，但我坚信，那种奇特的体验非我独有。实际上，帮助，帮助，帮助——它是这本书最终的主题。

斯科特·派克
《少有人走的路》系列

《少有人走的路：心智成熟的旅程》（白金升级版）

[美]M. 斯科特·派克 著

本书处处透露出沟通与理解的意味，它跨越时代限制，帮助我们探索爱的本质，引导我们过上崭新、宁静而丰富的生活；它帮助我们学习爱，也学习独立；它教诲我们成为更称职的、更有理解心的父母。归根到底，它告诉我们怎样找到真正的自我。

《少有人走的路2：勇敢地面对谎言》（白金升级版）

[美]M. 斯科特·派克 著

每个人的心中都住着两只狼，一只善，一只恶。培养善良的狼需要诚实，而恶狼特别喜欢谎言。因为谎言的本质是掩盖真相。勇敢地面对谎言，就是要让我们勇敢地面对真相，承受应该承受的痛苦与责任。唯有如此，我们的心灵才会成长，心智才能成熟。

《少有人走的路 3：与心灵对话》（白金升级版）

[美]M. 斯科特·派克 著

人生错综复杂，我们应为生活的神奇和丰富而欢喜，而不应为人生的变化而沮丧。生活是什么？生活是在你已经规划好的事情之外所发生的一切。所以，我们应该对变化充满感激！

《少有人走的路 4：在焦虑的年代获得精神的成长》

[美]M. 斯科特·派克 著

这是一个焦虑的年代，似乎一切都不确定，令人困惑。在人们忧心忡忡、茫然无助之际，作者就像一位饱经沧桑的向导，从反抗草率和盲从入手，告诉我们如何在不确定的中间地带生存，如何在矛盾中抉择，以及如何在焦虑中获得精神的成长。

斯科特·派克
《少有人走的路》系列

《少有人走的路5：不一样的鼓声（修订本）》

[美]M. 斯科特·派克 著

人活着就是在建立关系。真诚关系，是聆听不一样的鼓声，是接纳与尊重，在这段关系中，每个人都能够保有自己的完整性、真实性。不要害怕分歧、差异和争吵，唯有经过混乱的争吵，才能破除以自我为中心的心理，与别人达成共识。

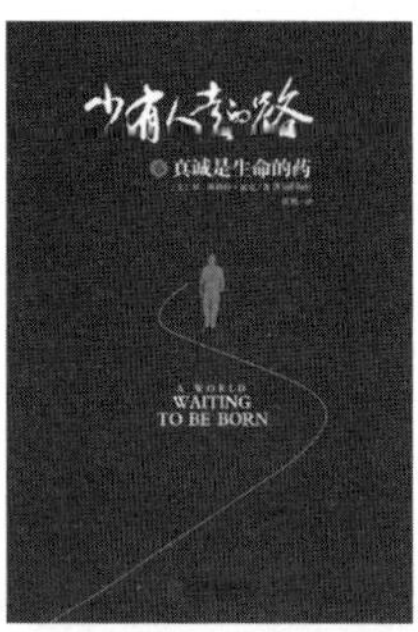

《少有人走的路6：真诚是生命的药》

[美]M. 斯科特·派克 著

真诚是生命的药，而“不真诚”则是一切心理疾病的“根”。此书以贴近生活的故事，展现了真诚对人类方方面面产生的巨大影响，其中包括家庭教育、婚姻关系、职业等，派克对人性的剖析，也在本书中达到了一个全新高度。

《少有人走的路7：靠窗的床》

[美]M. 斯科特·派克 著

本书是心理学大师斯科特·派克的一次伟大尝试，他将亲历过的经典案例，变成一个个特点鲜明的人物，并借由一桩凶杀案，让人性的不同侧面在同一空间下彼此碰撞，结果形成了精彩纷呈的心理群像。这是一部惊心动魄的小说，更是一本打破常规的心理学著作。

《少有人走的路8：寻找石头》

[美]M. 斯科特·派克 著

本书是《少有人走的路》系列收官之作。
心理学大师斯科特·派克沉淀一生，给出关于金钱、婚姻、子女、健康与死亡的深度思考。
历时21天，行程数千公里，辗转10余地，斯科特和妻子克服重重困难，在英国展开了一场发现之旅。在这趟不凡的旅程中，我们既可以领略到斯科特智慧的光辉，也可以充分体会大师的人格魅力。